誕生 性 遺伝子

人間とは何か

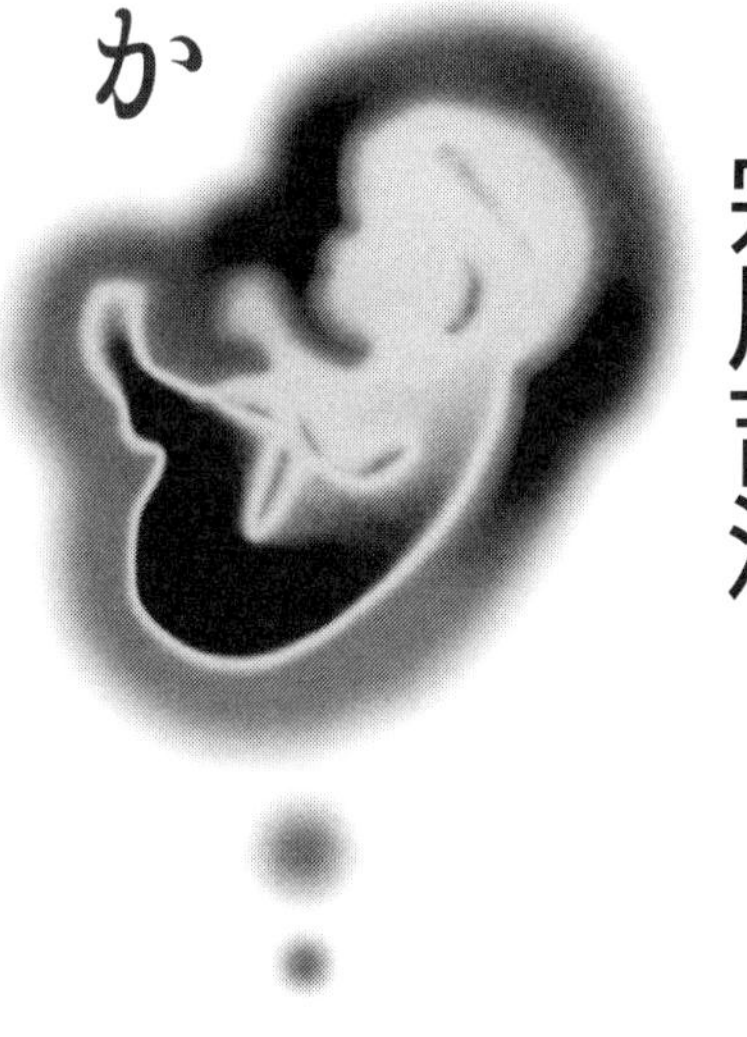

宗川吉汪
Sokawa Yoshihiro

新日本出版社

はじめに

キャンパスは相変わらず騒がしい。しかし、今日はなにかうきうきした感じだ。今期はどの授業を取ろうかしら。シラバス（講義実施要綱）をパラパラめくったら「人間学シリーズ」が目についた。何だか面白そう。「人間」について、そして「私」についていろいろ知りたいと思っているんだけど。今日は「人間学シリーズ　人間、その生物学的側面」という授業が開講されるみたい。書かれている授業内容にはなじみの単語が並んでるし、これならわかるかもしれない。すべての学問にとって人間理解は基本だ、と誰かが言っていたわ。挑戦してみるかな。

この授業の目的は、「人間」の生物学的側面を理解しようとするものであります。人間はもちろん生物の一員ですが、生物学だけで人間を理解することは到底できません。人間は社会を形成し、人びとは集団で生活しています。いろいろな職業があり、人びとが活動しています。それらは互いに関係しあって巨大なネットワークを形成しています。このネットワークの分析は「人間」理解に欠かせません。それは、社会学であったり、法学、政治学、経済学、あるいは倫理学であったりします。

当たり前じゃないの。いくら経済が生物である人間の活動だからといって、生物学で経済がわかるはずがないわ。

しかし人間は生き物ですから、生物学を抜きにして「人間」理解が困難なことも明らかです。人は誕生し、成長し、子どもを生んで育て、そして死んでいく。これは生物に共通です。だからわれわれがどのように誕生するかは生物学の問題です。われわれはいつかかならず死ぬ。死も生物学の問題であることは確かです。

この先生、どうしてわかりきったことをこうもくどくど言うのかしら。生と死は生物の基本だから、生物学の問題ではないのかしら。

母親の卵子と父親の精子が合体してあなた方が誕生しました。では卵子の受精をもってわれわれは「人間」の誕生としているでしょうか。そうではありません。常識的には胎児の分娩をもって誕生としています。しかし、受精から八週間たった妊娠一〇週では、胎児は母親の子宮の中で早くも人間らしい格好になっているのです。ではこのあたりを「人間」の誕生にした方がいいのでしょうか。日本では妊娠二二週未満の胎児の中絶が認められています。つまり、それまでの胎児は「人

間」ではないとしているわけです。もし妊娠二一週の胎児が「人間」なら、中絶は殺人になります。つまり「人間」の誕生は生物学だけの問題ではないのです。

死も同様です。われわれは伝統的に心臓が止まった時をもって死としています。ところが、臓器移植の技術が発達しました。臓器を移植するためには「生きた」臓器がほしい。心臓が止まってしまうと臓器も早晩死んでしまう。誕生と同じように、死も一連の過程です。事故などによる突然の心肺停止を別にすれば、心臓が止まる前に、普通、脳死状態になります。つまり、脳幹部分が破壊されても、すぐに心臓が止まるわけではありません。脳死であっても心臓が動いていれば臓器は死なないのです。今、日本では臓器移植を目的とする場合、脳死をもって人の死と認めています。死も生物学だけの問題ではないのです。

なるほど。生物の生死は一連の過程だからどこか一点に定めることはもともとできないってことなのね。

ところで、「生き物」は英語では creature です。しかし、生物学の教科書にはこの言葉は出てきません。これは普通、神の創造物を表すからです。生物学では、生物を organism と言います。この言葉は道具とか器具を表すギリシャ語の *organon* に由来します。英語の organ は楽器のオルガンとか動物の臓器という意味です。日本の生物学者は organism を、はじめ、有機体と訳しました。

一方、生命の英語はlifeです。その日本語訳は、「生命」とか「生活」ですが、日本語の生命という語には生活の意味はありません。生物を英語でliving thingとも言います。これは日本語の語感に近いのですが、学術用語としては使われません。

本授業では「人間」の主に生物学的側面、生物としての「人間」について講義します。われわれがいったい何ものであるかを理解する手がかりにしてほしいと思います。

生物を有機体ともいうんだ。ちょっと気になる表現。私という有機体はどんなふうになっているのかしら。まあ、この授業につきあってみるかな。

目次

第1章　誕　生

　今日は最初の授業。シラバスには、人の発生について述べる、とあるわ。私という有機体がどんなふうに生まれてきたのかしら。とても興味があるわ。それに、私もいつか赤ちゃんを産むことになるわけだから、とにかく聞いてみよう。

それは受精卵から始まった

　われわれ生物は有機体です。鉱物のような無機物ではありません。有機体つまり生物の特徴は、かならず親がいて子ができる、というぐあいに世代をきざみながら増えていくことにあります。それが可能なのは生物という有機体が細胞からできているからです。

人という生物には、正確な勘定ではありませんが、頭のてっぺんから足の先まで、全部でおよそ六〇兆個の細胞があるといわれています。六〇兆といえば大変な数で、地球の総人口は現在六五億ですから、その一万倍にもなります。

人の体はいろんな臓器からできています。それぞれの臓器は違う働きをしていますが、それは細胞が違うからです。脳の神経細胞と心臓の筋肉細胞とでは違いがあります。それらは、胃の細胞とも違います。われわれ人はおよそ二〇〇の違った種類の細胞からできています。

人は誰でも母親から生まれてきました。母の卵巣から卵管に放出された卵子と父の精子とが合体した受精卵がそもそもの始まりです。受精卵はたった一個の細胞ですが、それは二分裂しながら数を増やし、さらに分化して、全部で六〇兆個、二〇〇種類の違った細胞になるのです。そして人が誕生します。一個の細胞が二分裂して六〇兆個になるためには四六回分裂すればよいのです。普通、ヒト細胞は二四時間足らずで一回分裂するので、四六回の分裂には四六日、六〜七週間ですむことになります。

人の受精卵はとても小さく、直径わずか〇・二ミリメートルの球にすぎません。そこからわれわれ人が誕生したのです。一個の受精卵から始まって、母親のおなか、正確にいえば子宮で発生が進み、赤ちゃんが生まれます。受精から胎児が成熟して出産するまでに要する日数は、二三〇〜二九六日、平均二六三日です。しかし、普通、われわれは受精の時刻を正確に知ることができないので、妊娠の診断では最終月経の初日からの日数を妊娠期間としています。排卵・受精は最終月経から二週間後が普通なので、妊娠八週といえば受精から六週間たったということになります。出産までの妊娠期間はおよそ四〇週で、受精からは三八週間になります。

受精から五週まではどう見ても人らしい格好をしていないので、胎芽(たいが)とよばれています。しかし、八週から一二週でなんとなく人らしくなり、胎児とよばれるようになります。大きさも、五週で四ミリメートルだったものが、八週間で三・五センチ、一二週間たつと一二センチにもなります。その後は母親の子宮の中でぬくぬくと大きくなり、最終的に、大きさ五〇センチ、重さ三二〇〇グラムの赤ちゃんが誕生することになります。

たった一個のちっちゃな受精卵から、二〇〇種類、六〇兆個の細胞をもつ私が生まれたなんてほんとに不思議。しかも六〇兆個になるのにたった四六回の分裂で、七週間もかからないなんてちょっと驚き。でもどうやって私の体はつくられてきたのかしら。

最初の二週間

母親の卵管の中で受精した受精卵は、六日かけて子宮に到着します。この間、発生に必要ないろいろな出来事が起きます。受精してから一日半たったところで最初の細胞分裂が起き、二個の細胞

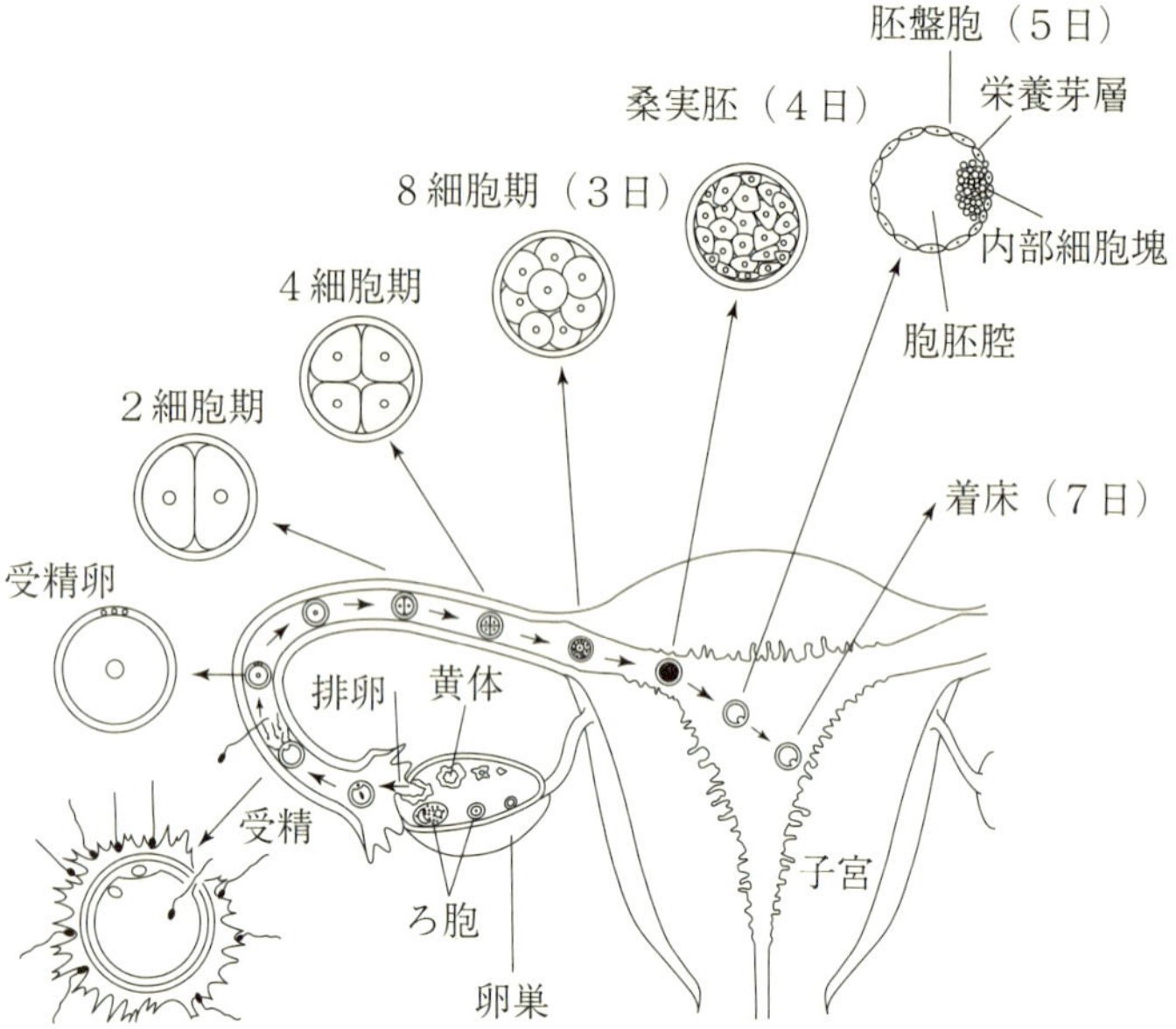

排卵・受精・胚盤胞形成・着床

になります。それからの二日間、とんとんと四回分裂して三二個の細胞になります。この間、全体の大きさはあまり変わらないので一個一個の細胞は小さくなり、ぎゅっと詰まったかたまりのようになっています。これを桑実胚（そうじつはい）といいます。

胚（はい）というのは、われわれのような多細胞生物が発生するときの初めの段階にあるものを指す生物学の用語です。胚の訓読みは、「はらむ」とか「はじまる」で、子をみごもることを意味しています。英語ではembryo（エンブリオ）といいます。発生学はembryologyです。これを直訳すれば胚学ということになります。ところで、桑実胚は読んで字のごとく、細胞が寄り集まって桑の実のような形になっているのでこの名があります。桑実胚の全体の大きさはもとの受精卵と変わらないので、一個一個の細胞の大きさが小さくなっているのです。

受精してから五日目、桑実胚をつくっている細胞の再配列がおきて、中空のボール状の胚盤胞に変身します。その内部は液体の入った腔（こう）になっていますが、その中で細胞の一部がかたまりになって盛り上がります。胚盤胞は、外側の表皮の栄養芽層という一層の細胞集団と、内側に盛り上がった内部細胞塊の二種類の細胞集団を含むことになります。これはとても重要な段階です。なぜなら、人の体はこの内部細胞塊から発生するからです。外側の栄養芽層は後に胎盤になります。

受精から六日目、桑実胚から変身した胚盤胞はついに母親の子宮に到達します。すると、胚盤胞の栄養芽層は子宮の裏打ちである子宮内膜にへばりついて、内部に入り込んでいきます。これを着床といいます。ここで初めて、将来人になる胚は母親の体と接触し、母体から存分に栄養分を吸い取って本格的に発生する条件を獲得するのです。受精から七日目、胚の着床で母親は本格的に妊娠したことになります。

胚盤胞、内部細胞塊、栄養芽層、着床。どうも生物学は聞きなれない言葉がたくさん出てきてたいへんだ！　妊娠はなじみの言葉だけど、妊娠って子宮への胚盤胞の着床のことだったんだ。じゃあ、内部細胞塊とか栄養芽層の運命はどうなるのかしら。

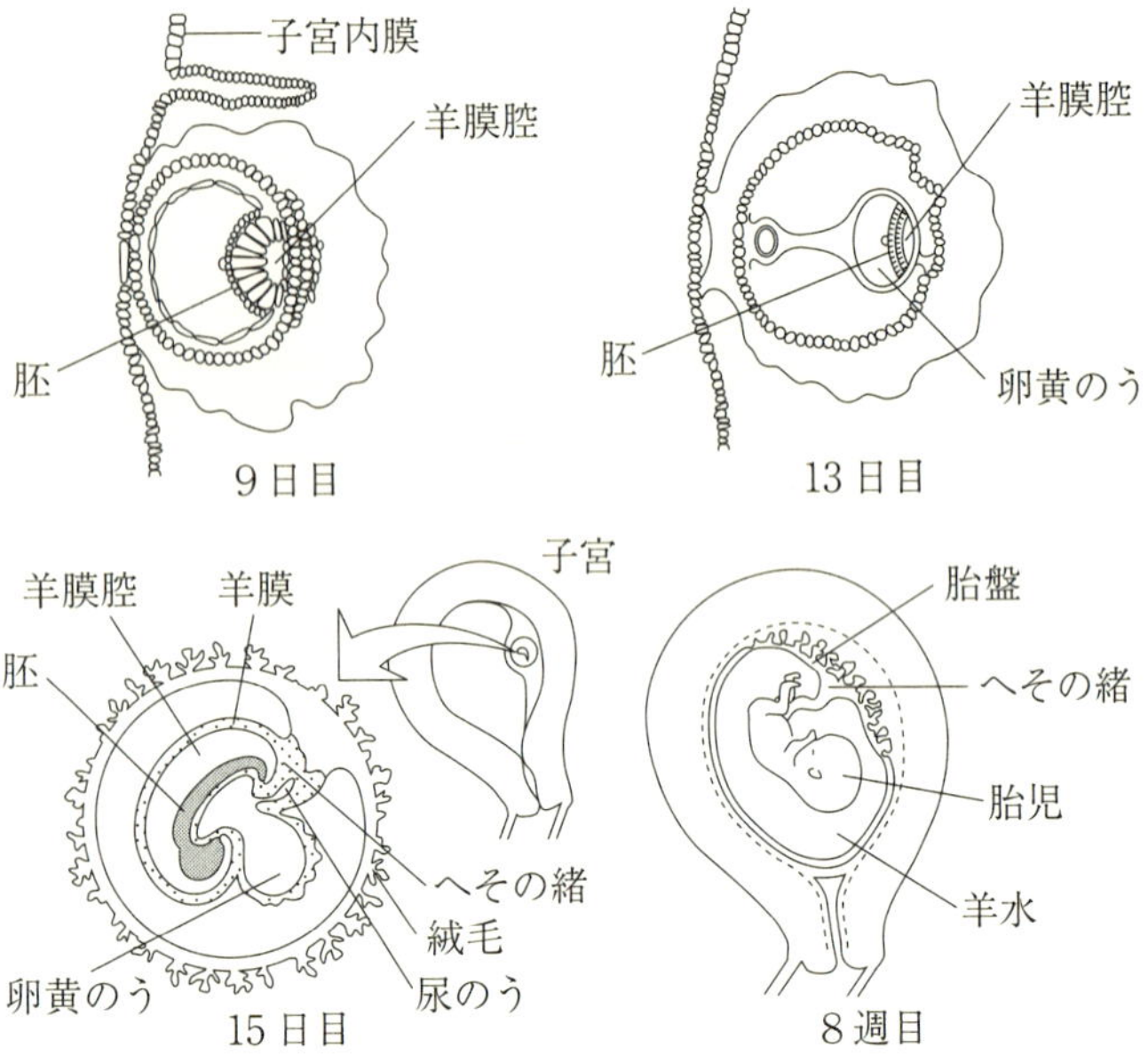

胚の発生

母親の子宮内膜への着床を契機に、胚盤胞の中で内部細胞塊が人になるべく変身を開始します。まず、羊膜腔と卵黄のうという液の入った二つの袋状の腔と、それらにはさまれた平たい円板状の胚盤が出現します。胚盤は英語では embryonic disk ですから、胚ディスクで、これの方がイメージしやすいかもしれません。胚盤は上下二層の細胞群からなりますが、人の体の細胞は最終的にこの上層の細胞群に由来します。

一方、羊膜腔は発生を通じて胎児を取り囲み、その成長に応じて大きくなっていきます。羊水は羊膜腔というカプセルの中を満たしている液体ですが、人はその中に浮かんで発生することになります。

羊膜という言葉ですが、ヒツジとは関係なく、柔らかい膜というほどの生物学用語です。また、人は胎生の哺乳類なので、卵生の鳥類にあるような卵黄は存在しません。それにもかかわらず卵黄のうに相当する構造ができます。これはわれわれが卵生の動物から進化してきた証拠で、一種の痕跡器官です。これは発生の早い時期に退化してしまいます。

こうして受精から二週間、受精卵から桑実胚、そして胚盤胞内の内部細胞塊から胚盤と、しだいに人の運命は定まってきます。これまでの胚を初期胚といいます。そしてそれ以降は胎芽として認識されるようになります。

結局、今の私の細胞は胚盤からできてきたってわけね。でもどうしてこんな変化がつぎつぎに起きるの？　その原動力はいったいなんなのかしら。不思議だ。やっぱりわからないことだらけ。もっと先を知りたいな。

細胞の運命が決まる

できたばかりの胚盤では各細胞の運命はまだ決まっていません。それぞれの細胞がどのようにして各臓器や組織の細胞に特徴づけられるのか。それを生物学では「分化」といっていますが、それこそが発生学の中心問題で、現代生物学のホットな課題です。

受精から三週間たつころ、人の発生にとって劇的な出来事が起きます。まず、胚盤はスリッパ状に広がり、その先端にある細胞層の正中よりやや下側に筋目が入ります。これを原条といいます。つづいて、原条に向かって細胞が増殖しながら集合するようになります。この時、細胞は三種類の集団となり、それぞれ移動し始めます。

第一の細胞集団は、原条にそって下方に入りこみ、広がって、一層の細胞層をつくります。これは内胚葉とよばれ、この細胞は将来消化管になります。第二集団も原条にそって内部に入りこみ、胚盤上層と下層の内胚葉の間に広がります。これは中胚葉で、骨や筋肉、心臓になります。第三の集団は原条の先端から前の方に広がり、胚盤のもとの古い細胞を押しのけて新たな細胞層を形成します。これは表皮や神経系などに分化する外胚葉です。

へえ、胚盤は内胚葉、中胚葉、外胚葉の三種類に分化するのね。たしか人の細胞のタイプは二〇〇種類あるのだから、この三種類の胚葉それぞれからまた分化するっていうことなのね。

このように外胚葉、中胚葉、内胚葉のそれぞれ違った三つの胚葉ができましたが、この出来事はわれわれ脊椎動物発生のハイライトです。三胚葉の形成から後の発生は一気呵成（いっきかせい）に進行します。四

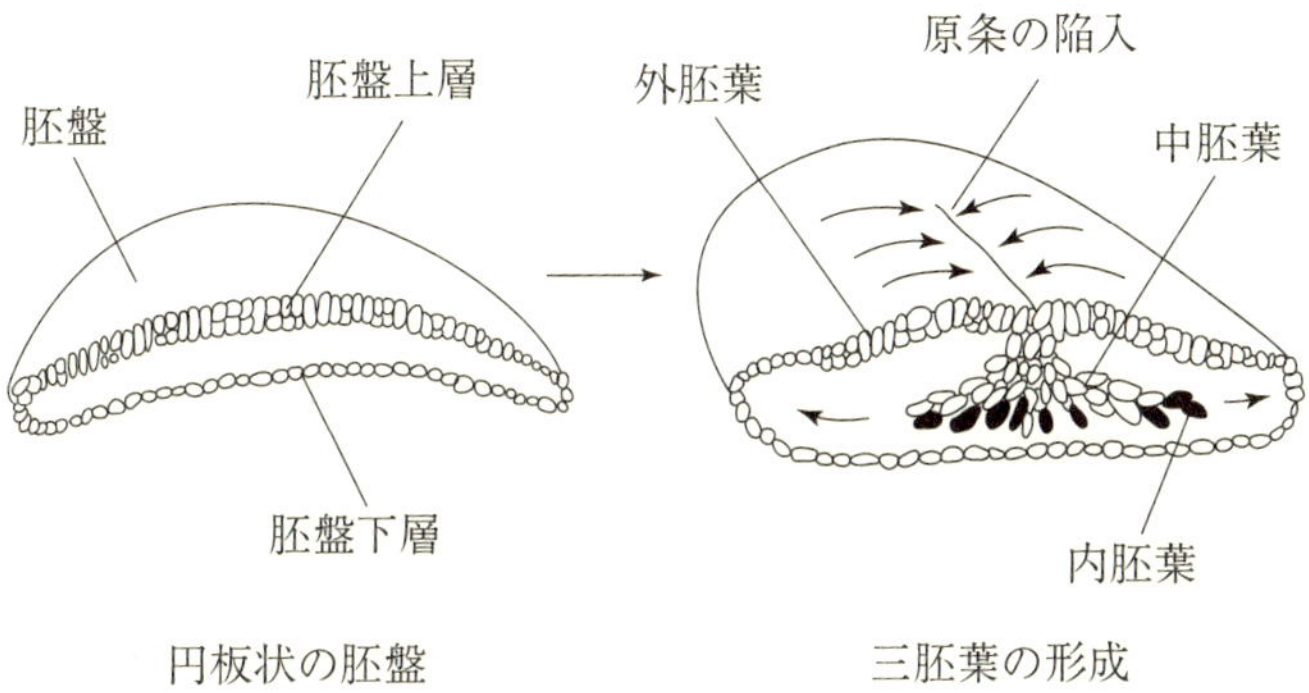

三胚葉の形成　胚盤の原条の陥入により、内胚葉、中胚葉、外胚葉が形成される。

週間たつと脳や心臓がおおまかにつくられます。この時、胚は伸びて四ミリメートルの長さになっていますが、肛門のうしろにはまだ尾をつけています。

受精から数えて四週から八週までの間に主な器官と体のシステムのすべてが形成されます。外胚葉からは、神経と脳、皮膚、毛髪、歯、などが、内胚葉からは腸や肝臓、肺がつくられます。一方、中胚葉からは大部分の骨や筋肉、血管、心臓、血液、腎臓、生殖器などができます。そして、八週間も経つころには三・五センチにも成長して、眼、耳、鼻、口などがはっきりし、指やつま先、骨ができ、心臓が鼓動を始めます。だんだん人らしくなり、胚の時代を卒業していよいよ胎児へと成長することになります。

やっぱり、さらに分化していくのね。でも、たった八週間で人らしくなるっていうことは、思ったよりも早く、人の体はできあがるってわけね。

胎盤を通し母親から養分を

受精卵から発生してわれわれが誕生するまでの出来事はすべて母親の子宮の中で起きます。受精卵の最初の重要な変身は栄養芽層に包まれた内部細胞塊をもつ胚盤胞でした。実際の人の体は胚盤胞の中の内部細胞塊からできてきました。

胚盤胞が母親の子宮に接触すると、胚盤胞はヒト絨毛（じゅうもう）性性腺刺激ホルモンを分泌します。このホルモンは妊娠中の母親の子宮を維持する働きをしています。胚盤胞が母親に命令して子宮内膜が脱落しないようにしているのです。このホルモンは尿中に出てくるので、これを測定すると妊娠したかどうかがわかることになります。妊娠検査薬はこれを利用しているわけです。

胚盤胞が子宮に接触すると、その栄養芽層は酵素を分泌して子宮内膜の表面をこわし、胚盤胞は内膜に入りこんでいきます。これが着床でした。着床によって、胚は栄養豊富な母親の血液から養分を吸収できるようになります。栄養芽層は、その後、さらに発達して複雑な栄養補給構造体である胎盤になります。胎盤は膜と血管からできたマットのような海綿状の構造をしています。母親と胎児はへそを介して、へその緒であるさい帯でつながっています。

母親の妊娠期間の初期にあたる一五週（受精からは一三週）までは胎盤は十分に完成していない

ため、流産しやすい状態になっています。この期間、妊婦は体の不快やつわりを訴えたりします。妊娠中期の一六週から二七週では胎盤は完成し、安定状態になります。おなかの中の胎児の動きも感じるようになり、母親のおなかも外からもわかるぐらいに膨らんできます。そして、二八週以降はいよいよ妊娠末期です。予定どおりなら四〇週で赤ちゃんは誕生することになります。

たしか母は、私は優等生で、母を妊娠中毒症などにもさせず、三〇〇〇グラム、四八センチで生まれたって言ってたっけ。お産はどうだったのかなあ？

危険だが感動的な出産

赤ちゃんを出産することは母親にとって大変なことです。第一の理由は、赤ちゃんの頭が大きいことです。これは人という動物特有の問題です。同じ霊長類でも、チンパンジーの赤ちゃんの頭蓋骨はわれわれに比べてはるかに小さく、母親の産道と座骨を簡単に通り抜けることができます。ところが、人の頭蓋骨は大きく、産道を通るのが難しいのです。それに加えて、座骨の間の直径より人の頭蓋骨の直径の方が大きいのですが、しかし、うまいぐあいに、分娩時には母親の卵巣からリラキシンというホルモンが放出されて、座骨をつないでいるじん帯が少しだけ伸びます。それに伴って子宮が周期的に収縮します。いわゆる陣痛です。そのおかげで赤ちゃんはかろうじて出てくることができるのです。赤ちゃんが母親の子宮を出るとき、首を曲げて頭を回転させながら通り抜けてきます。出産の最後は後産(あとざん)で、胎盤がはがれて子宮から排出されます。

そうそう、私が誕生したときは母はそれほど大変でなかったと言っていたわ。それでもいろんな人の話を聞くと結構難産もあるみたい。逆子(さかご)だったので帝王切開をした親戚の人がいたわ。女性にとってお産はきっと心配なことだらけなのね。

誕生したとたんに赤ちゃんは大きな産声をあげます。母親の胎内にいる時は自力で呼吸する必要がなかったのが、外に出たとたん自分で息をして呼吸しなければなりません。血液も母親のものを利用できなくなります。心臓を中心とした血液の流れに大きな変化が生じます。

心臓は、胸の左にあるこぶし大の臓器で、血液を循環させるポンプです。心臓は四つの部屋に仕切られています。酸素を放出した二酸化炭素の多い血液は右側に、酸素を含んだ新鮮な血液は左側に入ります。心臓の上部は心房で血液の入口、下部は心室で出口です。二酸化炭素を含む血液が大静脈を通って右心房に運ばれてきます。つぎに右心房の収縮で弁が開き、右心室に入ります。こんどは右心室が収縮して血液は肺に運ばれます。そこでガス交換が行われ、二酸化炭素が放出されて酸素を含む血液が左心房に入ってきます。それが左心室から大動脈を通って全身に送られていくのです。これがわれわれの心臓です。

一方、胎児では母親の新鮮な血液が胎盤からへその緒のさい静脈によって胎児心臓の右心房に運ばれてきます。これは今のわれわれの場合とは逆になっています。胎児の肺は呼吸していないのでぺちゃんこですし、ガス交換もしていません。しかしうまいぐあいに胎児の心臓は右心房と左心房

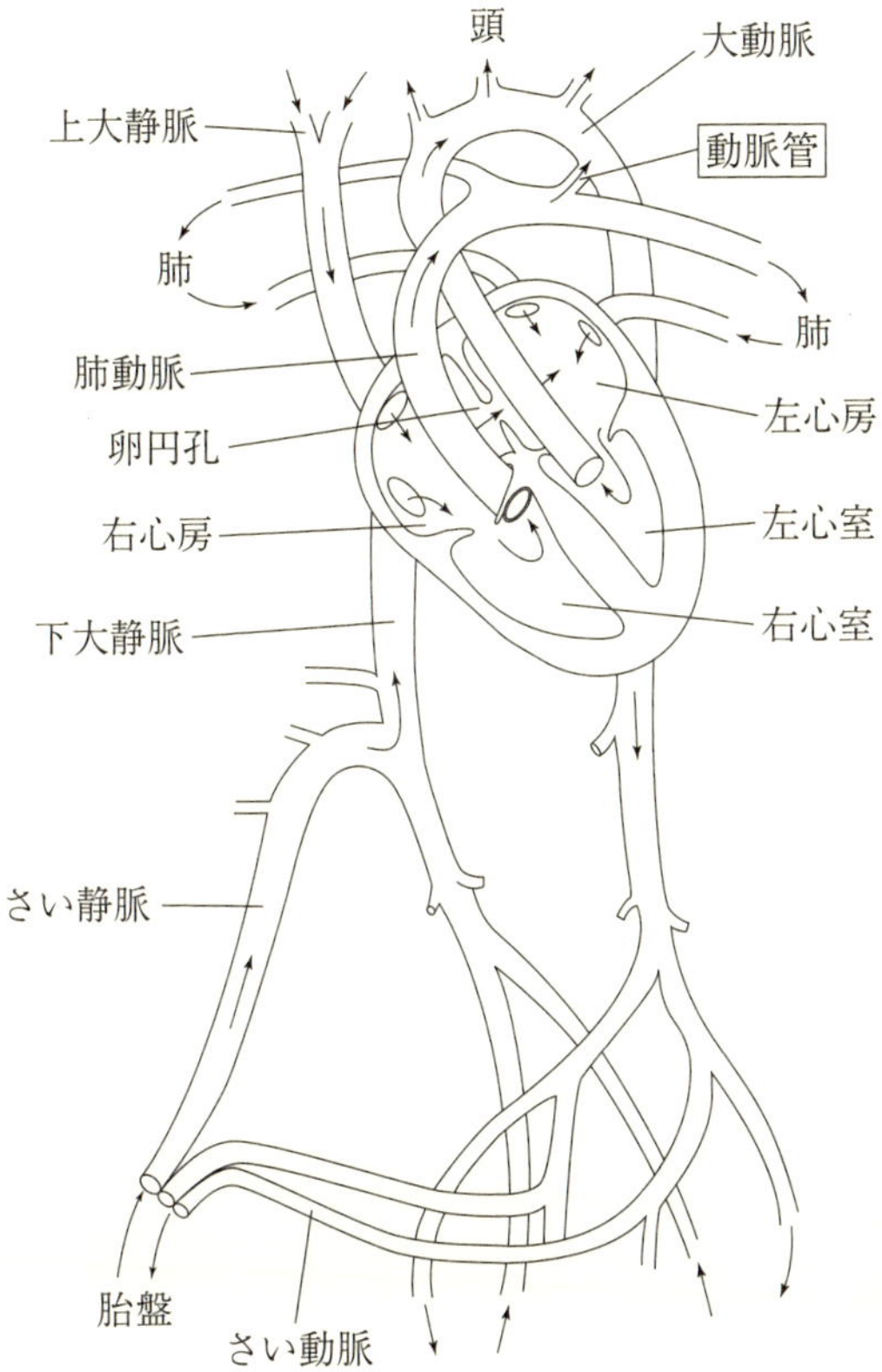

胎児の心臓　卵円孔と動脈管に注目。

が卵円孔という孔で直接につながっています。だから、右心房に入った母親からの新鮮血を直接左心房に送ることができるのです。さらに、右心室から肺に血液を送る肺動脈と左心室からの大動脈との間に動脈管というバイパスがあります。卵円孔と動脈管は胎児の血液循環では実にうまく機能しています。しかし、誕生とともにそれらは必要でなくなります。むしろあると困ります。赤ちゃんが生まれたとたん呼吸を始めて産声をあげ、肺が機能を開始し、肺からの血液が勢いよく左心房に入りこむようになります。するとこの時、その圧力で卵円孔は閉じられ、動脈管もふさがれるのです。

まったくうまくできているものよね。でも、卵円孔や動脈管が閉じられなかったらどうなっちゃうのかしら。以前、手術で閉じるって聞いたような……。

あなた方はラッキーだった

あなた方が誕生できたのはほんとうにラッキーでした。成熟した女性は月経と月経の間に一回だけ一個の卵子を排出します。卵子の受精可能期間は二〜三日です。精子は女性の卵管で二日ぐらいしか生きられません。だから受精するチャンスはそれほど高くないことになります。

受精卵は分裂して、まず桑実胚になります。しかし、受精卵の一五パーセントはうまく桑実胚にならないのです。また、分裂を開始したものの、子宮にたどり着けないものが一五パーセントもあります。さらに、胚盤胞になって子宮にたどりついても、そのうち四分の一は着床できません。結局、受精卵のうち五五パーセントは脱落してしまうのです。しかも、うまく着床して妊娠しても、その四分の一は子宮から消えて流産してしまいます。このような流産は発生の初期の三カ月に生じますが、苦痛もなく気づかれない場合がほとんどです。これら発生異常の多くは染色体の問題で、異常な染色体をもった胎児を排除するしくみになっています。結局、正常に発生して誕生までこぎ着けるのは、受精卵の三分の一ほどということになります。だからあなた方が誕生したことはほんとにラッキーだったのです。

さて、授業の初めに、人の始まりを定義することは生物学をこえた問題であると言いました。そのことについて考察し、レポートにまとめてください。

〔私のレポート〕人の始まりはいつか

私という人間の始まりはいつか。受精卵か、着床胚盤胞か、胚盤か、三胚葉か、もっと発生の進んだ胎児か。これはいろいろなところで問題にされ、一見、生物学の問題のように見えるが、かならずしもそうとは言えない。医学・医療の問題ではあるが、やはり、社会的・倫理的問題であるだろう。

カトリック教会や生命を厳しくとらえたいという人たちは、受精卵をもって人の生命の始まりにしている。その対極は、出生の時点をもって人の始まりとする伝統的な考えである。フェミニズムの多くの運動家は後者の立場をとると聞いている。これらの考え方の違いは、胚や胎芽、胎児をどのように見るかに由来する。前者は、明らかに胚を妊娠女性とは独立した一個の生命体とみなしているのに対して、後者は、胎児をも妊娠女性の組織の特殊な一部と見ている。生物学的にはどちらともいえる。

胚・胎芽・胎児の位置づけは、人工的な妊娠中絶で問題になる。人の胚が独立した生命有機体であれば人工中絶は殺人にあたる。一方、妊婦に所属した特殊組織であれば、人工中絶は手術による切除にすぎない。

人工妊娠中絶がまったく問題にならない理想社会を考えれば、どちらでもいいことになる。ところが、われわれの現実の社会では、女性にとって望まれない妊娠が現に存在する。暴行や脅迫によって妊娠した場合がまずそれにあたるだろう。独立生命体派にとっては、それでも受精卵にはなんの罪もないのだから当然生むべきである、ということになる。憎悪している男性の子を生まなければならないとしたら女性にとっては悲劇だ。

一方、特殊組織派は、女性が望まないのであれば人工中絶は認められなければならない、と主張する。しかしそれでも、受精から八週たった胚はもうすでに人らしい格好をしている。癌は悪性の新生物といわれるが、癌組織を切除するようなぐあいに胚や胎芽を排除するわけにはいかないだろう。心理的葛藤なしに中絶できる女性や医者はそう多くない。

日本の法律ではどうなっているか調べてみたところ、興味深いことに、独立生命体派と特殊組織派の両方の主張に基づいた法律がそれぞれ別個に存在していた。

刑法ではその第二一二条から二一六条で人工妊娠中絶が刑罰の対象であることを定めている。この法律では「堕胎」というおぞましい言葉が使われている。中絶した女性、あるいはそれを助けた医師や助産婦には懲役刑が科せられる。中絶は絶対にいけないというわけだ。

一方、母体保護法があって、それによると、医師は以下のような場合は人工中絶ができる、とある。すなわち、妊娠の継続または分娩が身体的または経済的理由で母体の健康を害する恐れのある場合、あるいは暴行もしくは脅迫で妊娠した場合、である。しかし、妊娠期間中いつでも中絶していいというわけではなく、事務次官通知で中絶は妊娠二二週未満となっている。つまり、妊娠二一週まで認められていることになる。受精からは一九週にあたる。妊娠二二週を過ぎると、胎児は保育器の中で生育可能になるというのがその理由である。医療技術が進歩して、二二週より前でも子宮外で生育させることができるようになれば、この期間は短くなるだろう。実際、以前は中絶は妊娠二四週未満まで認められていた。この法律では、母体の外で生育できない胎児や胚は女性の組織の一部とみなしているわけである。

つぎに、刑法や母体保護法の適用が実際どうなっているか調べてみた。一九七三年以降、さすがに堕胎罪で罰せられた人はいなかった。明らかにこの法律は有名無実で、こんな法律がいまだにあること自体、時代錯誤もいいところだ。一方、母体保護法による中絶は年間三三万〜三四万件であるが、世界的に見て日本はそれほど多いわけではない。人口比でドイツ、オランダ、アイルランドに比べてやや多いが、イタリア、フランス、イギリスなみであった。しかし、気になるのは、このところ一〇代の中絶件数が増加していることである。一九七五年には一万数千件であったのが、一九九〇年には三万件をこえ、二〇〇〇年には四万四四七七件で、全体の一三パーセントを占めていた。性教育の不備や性の商品化が進む中で、妊娠の可能性を考えないまま性交する若者が増えているためと考えられている。逆に、アメリカではこのところ一〇代の中絶が著しく減少しているという。一九九四年から二〇〇〇年の間に一五〜一八歳の中絶は三九パーセントも減少している。エイズなどの性感染症対策もあって性に関する教育が強化された結果だろう。

ちなみに、医師法を見てみたら、その二一条に異常死体の届出義務というのがあって、死体または妊娠四カ月以上の死産児を調べて異常があれば警察に届けろ、とあった。妊娠四カ月は受精から一四週は経っていることになり、胚はすでに人の格好をした胎児になっている。医師法では明らかに一四週以前の胎芽や胚を人とみなしていないわけである。いずれにしても人の始まりは、生物学の知識に基づきながら、社会的・倫理的に決定されているのである。

第2章　女の子と男の子

　私の小学校や中学校のクラスでは女の子と男の子の数はほとんど同じだった。それがとても不思議に思えたのに、遺伝の勉強をしたら目からウロコ。ああそうだったのか、と納得したものだ。つまり、遺伝学的には生まれてくる男女の比率は、理論的に一対一になるはず。今回は遺伝と性染色体の話ということだけど、私もXやYの染色体ぐらいは知っているわ。女の子と男の子がどんなふうに分かれるのか、今日の授業は楽しみ。

生殖細胞と体細胞

女の子になるか男の子になるかは性染色体が決めています。性染色体にはXとYがあります。X

染色体とY染色体とはどのようなものでしょうか。性は実際どのようにして決まるのでしょうか。それが今回のテーマです。

すでに述べたように、われわれの体は全部で六〇兆個もの細胞からできています。しかし、もとをただせば一個の受精卵から発生したものです。受精卵は、一個の卵子と一個の精子が合体してできたものでした。卵子と精子は形こそ違え、それぞれれっきとした細胞です。それらには細胞核があり、そこにわれわれの遺伝情報を運ぶ染色体が一セット存在しています。染色体には人の全部の遺伝子が存在しているのです。特殊な色素で染まるので染色体といわれますが、それは顕微鏡で見ることができます。一セットの染色体の数や大きさは生物の種によってそれぞれ違い、人では、大きさの違う染色体が二三本集まって一セットです。マウスでは二〇本、ニワトリでは三九本、ショウジョウバエでは四本です。

母親の卵子と父親の精子は、それぞれ二三本の染色体をもつので、それらが合体してできた受精卵には二三本×二＝四六本の染色体が存在することになります。その受精卵からわれわれは生まれたわけです。それゆえ、脳とか皮膚、心臓、腸管のような体をつくっている細胞全部に、母親と父親から由来する染色体の二セットが存在することになります。

染色体を一セットしかもたない卵子や精子は生殖細胞とよばれます。一方、体をつくっている細胞は二セットの染色体をもち、体細胞とよばれます。おおまかにいえば、われわれ人は体細胞と生殖細胞からできているのです。生殖細胞から子どもが生まれるわけです。

ということは、筋肉などの私の体細胞には四六本の染色体があって、卵子には半分の二三本あるってことね。

女と男では性染色体が違う

染色体がわれわれの遺伝的性質を決めているなら、女の子と男の子で染色体に違いがあっていいはずです。

ところで、われわれの体細胞は二分裂で増殖します。まず、細胞を構成する膜、細胞質、核がそれぞれ二倍の大きさになり、それらが等分に分配されることで増えていくのです。もちろん、細胞分裂の前には核の中にある染色体数も二倍になります。分裂直前の染色体は凝縮して太くなり、色素で染めると顕微鏡ではっきり見えるいわゆる染色体になるのです。この時、染色体は今まさに分離して二本になろうとしていますが、まだ一点でつながっていて、特有なX字型の格好をしています。われわれが顕微鏡で観察できる染色体はこれです。

われわれはこのようなX字型の染色体を四六個もっていますが、それらを二個ずつのペアにすることができます。一方は母親からの二三個と、もう一方は父親から由来した二三個です。大きさの

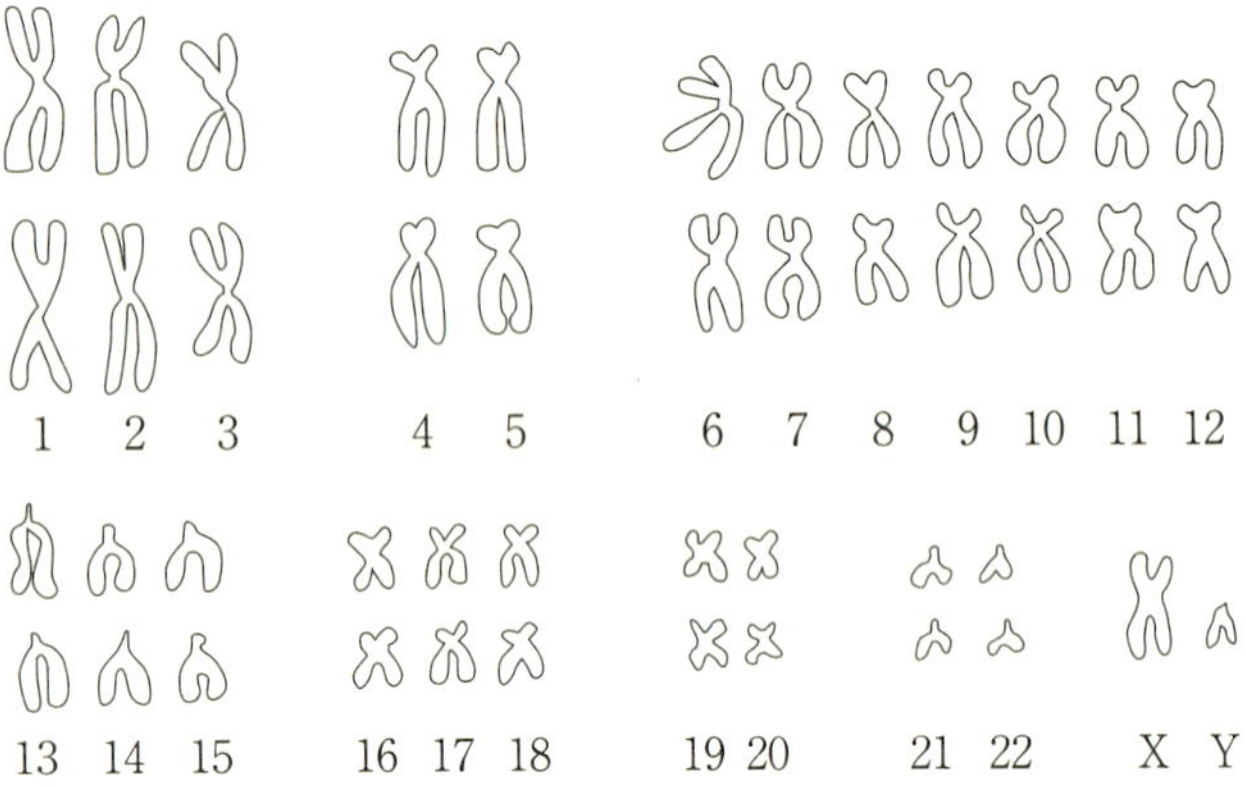

人の46本の染色体　ここでは男の子の場合が示されている。

順に並べて、一番大きいものを一番染色体といい、順次、二番、三番と番号を付けています。女の子と男の子の染色体をよく調べてみると、少しだけ違いがあるのが見つかります。

女の子の場合、二三個の染色体がうまいぐあいにそれぞれ二個ずつペアをつくります。ところが男の子では二二個は女の子と同じようにペアになりますが、ペアにならないものが二個残ります。そのうちの一個は女の子にもある比較的大きな染色体ですが、残り一個は男の子にしかない特有の小さい染色体です。女の子にもある大きな染色体がX染色体で、男の子にしかない小さい方がY染色体です。

このようにX染色体とY染色体は性を特徴づける染色体でした。それゆえ、性染色体といわれています。それ以外の男女に共通な二二本の染色体は常染色体とよばれ、大きさの順に一番から二二番までの番号が付けられているわけです。X染色体の大きさは八番染色体とほぼ同じで、大きい部類に入ります。一方、Y染色体は二一番や二二番染色体と共に一番小さい部類で、X染色体の三分の一ぐらいの大きさしかありません。しかし、Y染色体とX染色体には互いに似ているところがあり、生物進化的にはもともとは同じ染色体から由来したものです。

われわれの体細胞は二二本×二セットの四四本の常染色体と、性染色体二本をもつことになります。女の子の性染色体はXXで、男の子はXYです。

何となく男の子には欠けているところがあると思っていたけど、やっぱりX染色体が一本足りないのね（笑）。かわりにY染色体があるって言ってるけど、とても小さい。X染色体とY染色体って機能はどう違うのかな？

男の子は多く生まれる

先にも述べたように、体細胞は二分裂で増えていきます。この時、四六本の染色体は、一度は二倍になりますが、二つの細胞に等分されるので、細胞一個あたりの数は、結局もとの四六本になります。ところが、生殖細胞の卵子や精子には二三本の染色体しか含まれていません。生殖細胞はどのようにできるのでしょうか。

生殖細胞になるもとの細胞は卵原細胞と精原細胞とよばれています。これらの細胞には体細胞と同じように二三本×二セット＝四六本の染色体が含まれています。卵原細胞には四四本の常染色体と二本のＸ染色体（ＸＸ）があります。それに対して、精原細胞は、四四本の常染色体のほかにＸ染色体一本とＹ染色体一本（ＸＹ）とを持っています。

一セットの染色体しかもたない卵子や精子は、二セットの染色体をもつ卵原細胞や精原細胞から特別な分裂過程を経てできてきます。染色体の半減するこの過程は減数分裂とよばれています。ＸＸをもつ卵原細胞から減数分裂でできる卵子はすべて一本のＸ染色体をもつことになります。一方、精原細胞はＸＹをもつため、減数分裂で染色体が等分に分かれると一本のＸ染色体をもつＸ精子と一本のＹ染色体をもつＹ精子が同数できることになります。Ｘ精子とＹ精子が同数できることは多くの男性の精子を調査して実際に確かめられています。

そういえば、エンドウのたねができる時、ペアになってる染色体が減数分裂で等分に分離するのがメンデルの遺伝のしくみだって習ったっけ。なんだ、植物も人も同じなんじゃない。

われわれは母の卵子と父の精子の融合した受精卵から生まれてきました。排卵日に母の卵巣から放出される一個の卵子には、二二本の常染色体と一本のＸ染色体があります。一方、父親は一回の射精で数億個もの精子を放出しますが、その半分は一本のＸ染色体を持ち、もう半分は一本のＹ染色体を持ちます。卵子にどの精子が受精するかは完全に偶然なので、Ｘ精子が受精する確率とＹ精子が受精する確率は等しくなるはずです。

このように男性の生産するＸ精子とＹ精子は同数なのだから女の子と男の子の生まれる確率は等しいはずです。これがメンデルの遺伝のしくみです。ところが、実際には男の子の方が女の子より多く生まれるのです。最近の日本の統計によると、新生児の性比は、女の子一〇〇に対して男の子は一〇五～一〇六でした。ヨーロッパ各国でもほぼ同じような数字です。

このような新生児の性比の偏りは何に由来するのでしょうか。Ｘ精子とＹ精子の数の偏りは観察されていないので、受精の段階で偏りができるのでしょうか。それとも発生の段階で偏りが生じるのでしょうか。実は、本当のところはまだわかっていません。

先の授業でもふれたように、最終的に赤ちゃんにまで発生するのは受精卵全体の三分の一ほどです。受精卵の半分以上が着床できません。うまく着床しても、そのうちの四分の一は発生初期に脱落しますが、この場合、ＸＸ胚に比べてＸＹ胚の脱落頻度が高いといわれています。それにもかかわらず最終的にはＸＹの男の子が多く誕生するのですから、着床までの段階でＸＸ胚が脱落しやすいことが考えられます。ＸＸ胚とＸＹ胚とで発生率に差があることは十分考えられることで、このことの解明は発生学における一つの課題です。

どうも理屈どおりにはいかないようね。女の子一〇〇人に対して男の子一〇五～一〇六人と

はかなり違うじゃない。ＸＸとＸＹではどうもいろいろ違いがありそう。だんだん興味がわいてきたわ。

ＳＲＹ遺伝子が男性を誘導

ごくまれに、性染色体がＸＹなのに女の子になる例が見つかります。調べてみると、その子のＹ染色体の先端が欠けていました。逆にＸＸなのに男の子になる場合があります。このときは、Ｙ染色体の先端部分がＸ染色体に余分に付いていました。そこで、その領域に男性を決定する遺伝子があるだろうと考えられました。そして、実際、ＳＲＹ遺伝子が同定されました。ＳＲＹは sex determining region Y（Ｙの性決定領域）の略号です。

ＳＲＹ遺伝子が男性誘導にかかわる決定的証拠はマウスの実験から得られました。遺伝子工学でＳＲＹ遺伝子を欠落させたＹ染色体をもつＸＹマウスはメスになりました。逆に、ＸＸでも、一方のＸ染色体にＳＲＹ遺伝子を結合させると、メスではなくオスのマウスになりました。

母親の胎内でわれわれが発生するとき、胚の七週目ですでにいろいろな器官ができていて、人らしい格好になり始めていました。しかし、この時期では生殖器官は、まだ、男性女性のいずれでもなく、いわばどっちつかずの状態にあります。それが八週になると、女の子か男の子かがはっきり分かれてきます。ＳＲＹ遺伝子があれば男性性器のペニスが誘導され、なければ女性性器のワギナになります。

人やマウスでは、オスになるためにはＹ染色体にＳＲＹ遺伝子がないといけません。ところが、哺乳類でも卵を産むめずらしい動物がいますが、そのＹ染色体にはＳＲＹ遺伝子がないのです。この動物は、オーストラリアにいる単孔類のカモノハシ、ミツユビハリモグラ、ハリモグラです。単孔類というわけは生殖腺の出口が直腸に連結して総排出腔になっているからです。われわれ人の場合、尿と生殖腺の最終出口は一緒ですが、直腸とは別になっています。

さらに面白いことには、ネズミの仲間であるモグラレミングの一種にＹ染色体をもたないものがいます。この動物のメスの細胞には二本のＸ染色体がありますが、オスの細胞には一本のＸ染色体しかありません。

このように若干の例外はあっても、人やマウスのような哺乳類では性染色体がＸＸのように同型であればメスになり、ＸＹのように異型であるとオスになります。ところが動物界ですべてそうなっているかというと、かならずしもそうではありません。鳥のメスの性染色体はＺＷの異型であるのに対して、オスはＺＺの同型です。また、環境の変化によって性転換をする動物もいて、自然界では性染色体が同型だとメス、異型だとオスというふうに決まっているわけではありません。生物によって性の決定はいろいろです。

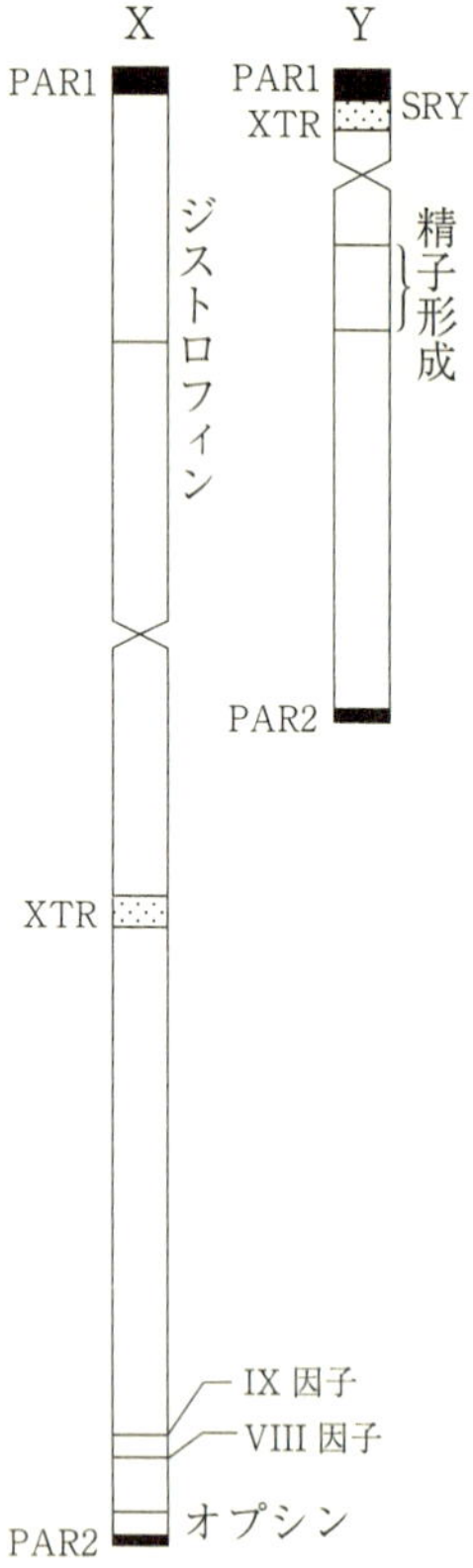

X 染色体と Y 染色体　両方の染色体にある PAR1、PAR2、XTR の各領域の DNA 配列はそれぞれよく似ている。

生物学者はいろいろヘンなことを見つけてくるのね。でも、自然界では生物の性決定にはいろんなしくみがあるなんて、面白いじゃない。じゃあ、その違いにメリット・デメリットってあるのかしら?

X染色体が一本だと不利に

男の子にはX染色体が一本しかありません。そのため、X染色体にある遺伝子の異常による伴性遺伝病が問題になります。男性に特有に現れる血友病、赤緑色覚異常、筋ジストロフィーなどが有名です。これらの病気の原因になる遺伝子はX染色体にあります。女の子はX染色体を二本もっているので、一本が健全なら病気にならないですむのです。

血友病は、X染色体にある血液凝固タンパク質の遺伝子が変異したために起きる病気です。変異遺伝子のつくるタンパク質が正常に働かないため、血液が固まりにくくなり、けがをした時、出血がなかなか止まりません。血液凝固タンパク質のⅧ因子やⅣ因子の遺伝子はX染色体にあります。

赤緑視覚異常の人は、赤と緑の色が区別できません。赤を感じるオプシン‐タンパク質、もしくは緑を感じるオプシン‐タンパク質に異常があるためです。これらのオプシン‐タンパク質の遺伝子もやはりX染色体にあります。

		卵子	
		Ẋ	X
精子	X	ẊX	XX
	Y	ẊY	XY

伴性遺伝　Ẋは変異した遺伝子をもつX染色体。

X染色体には、また、ジストロフィンというタンパク質の遺伝子があります。ジストロフィンは筋肉細胞のタンパク質で、これに変異があると正常な筋肉組織が発達しません。デュシェンヌ型筋ジストロフィーという病気は、異常なジストロフィン‐タンパク質によって引き起こされる病気です。三〜四歳ごろに発症し、歩行が困難になります。一〇代で歩行不能、二〇歳前後で寝たきりになり、呼吸不全や心不全、感染症などで亡くなります。この病気には適当な治療法がなく、現在、難病に指定されています。

X染色体の遺伝子に変異をもつ男性は、自分自身も病気を発症しますが、変異遺伝子を子孫にも伝えます。この男性は、変異X精子と正常Y精子とを生産します。そして、この変異X精子が正常X染色体をもつ卵子に受精すると、生まれてくる女の子は、変異Xと正常Xをもつことになりますが、病気は発症しません。ところが、この女性は卵巣の中に正常Xの卵子と異常Xの卵子をもつので、異常X卵子にY精子が受精すると、生まれてくる男の子はかならず病気になってしまいます。

X染色体は、血液凝固タンパク質、オプシン - タンパク質、ジストロフィン - タンパク質など大切な遺伝子をもっているんだ。でも男の子はX染色体が一本だから、変異があると病気になるけど、女性は二本もっているので、一方に異常があっても他方が正常であれば病気にならないですむ、というわけね。ちょっと得した気分。

女の子はX染色体を二本もつので、X染色体にある遺伝子のタンパク質は男の子の二倍つくられることになるのでしょうか。たとえば、女の子の筋肉細胞はジストロフィン - タンパク質を男の子の二倍もっているのでしょうか。実はそうではありません。筋肉細胞のジストロフィン - タンパク質の量は男女で差がありません。それは、女の子の一本のX染色体が凝縮して、そこにある遺伝子が働かないように封印されてしまうからです。

片方のX染色体の凝縮は胚発生のごく初期に起きます。将来女の子になる胚に存在する一方のX

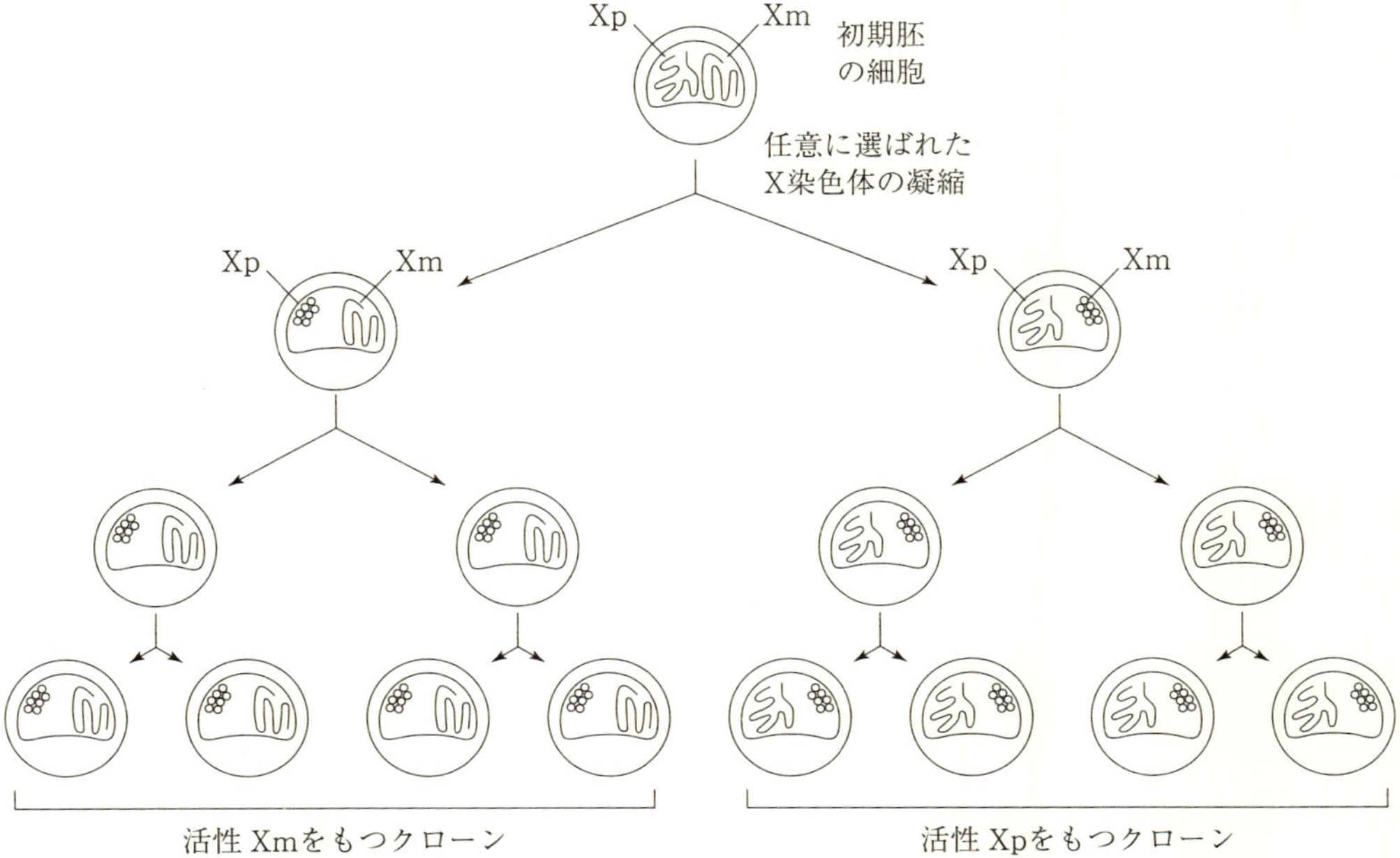

X 染色体の不活性化　Xm、Xp はそれぞれ母由来、父由来を表す。それぞれ一方が凝縮して不活性化した X 染色体をもつ細胞が増殖する。

染色体は母親由来で、他方は父親由来です。胚盤胞の内部細胞塊には数千もの細胞がありますが、それぞれの細胞で母由来X染色体と父由来X染色体のどちらが凝縮するかは五〇パーセントの確率で偶然によって決まります。それゆえ、女の子の体はXXについてモザイクになります。ある臓器では母由来のXが発現していて、別の臓器では父由来のXが発現するというようなことが起きます。

三毛猫はX染色体がモザイクになるいい例です。この猫の毛は白、黒、茶の三色が交じっていますが、毛の色を決定している遺伝子は猫のX染色体にあります。メスの二本のX染色体のうちの一方に茶色の遺伝子があり、もう一方に黒色の遺伝子があった場合、発生初期の細胞で片方のX染色体がランダムに凝縮されるため、毛の色が皮膚の各部分でまだらになるのです。だから三毛はメスだけです。XYのオス猫は決して三毛にはなりません。

さていま、父由来のX染色体は正常なのに、母由来のX染色体の血液凝固タンパク質遺伝子に変異をもつ女の子の場合を考えてみましょう。母親の異常Xの発現している細胞が異常タンパク質を生産するとしても、父親の正常Xを発現する細胞があるので、正常タンパク質は血液中に存在することになります。その濃度が血液凝固に十分であれば、この女の子は血友病にはならないですみます。

ところが、もしある組織がX染色体の凝縮に偏りのある細胞から構成された場合、事態は複雑になります。筋肉細胞のジストロフィン遺伝子に変異のあるX染色体と正常なX染色体をもつ女の子で、筋ジストロフィーの発症が報告されています。たまたま運悪くこの子の筋肉組織の細胞で正常

Ｘ染色体の方が凝縮したために病気になってしまったのです。

ふーん。ということは、私の筋肉細胞で発現しているＸ染色体は父由来かもしれない。私の運動能力が低いのは父のせいだわ。

一卵性双生児には女子が多い

五つ子ちゃんが話題になったことがあります。お母さんが不妊治療で排卵誘発剤を服用したところ、一度にたくさんの卵子が放出されて、それらがそれぞれ受精して五つ子ちゃんが誕生したのです。双子の赤ちゃんもときどきいますが、二個の別々の卵子がそれぞれ受精してできた受精卵が発生する場合と、一個の受精卵が発生の初期に二つに分割されてそれらが別々に発生する場合とがあります。前者は二卵性双生児で、後者は一卵性双生児です。二卵性双生児は普通の兄弟姉妹と同じで、性の違う双子もいますが、一卵性双生児は一個の受精卵に由来するため、遺伝的にそっくりで、もちろん同性です。統計によると、日本では出産一〇〇〇件に対して一卵性双生児は三・七件、二卵性双生児は二・三件あります。

興味あることに、一卵性双生児には女の子が圧倒的に多いのです。これはＸＸ受精卵の方がＸＹ

受精卵よりも二つに分割されやすいことを意味します。しかも、分割時期が遅くなればなるほど、その頻度はXX受精卵に片寄ります。このことは受精卵の中ですでにX染色体とY染色体の挙動が異なり、XXをもつ胚とXYをもつ胚とで発生に違いが出てくることを示しています。

一卵性双生児の染色体の遺伝子構成はまったく同じです。しかしながら、一卵性姉妹の体細胞におけるX染色体のモザイク模様がまったく同じというわけではありません。姉妹の一方にデュシェンヌ型筋ジストロフィーが発症した例が知られています。

以前にケストナーの『二人のロッテ』を読んだことがあるわ。あれも一卵性姉妹だった。離婚した両親に別々に育てられた双子の姉妹が、それまで一緒に暮らしていなかった親の方にそれぞれすり替わって会いにいくのね。あの話では、姉妹は両親にも区別がつかないほどよく似ていた。それにしても、性染色体Xはどうも一筋縄ではいかないようね。生物ってやっぱり謎だらけだわ。

今回は性染色体について述べました。男女の決定についても、まだまだ不明な点が多く残されています。新生児の性比の偏りの原因について巷ではいろいろな説が流布していますが、それについて調べ、レポートしてください。

〔私のレポート〕新生児の性比の偏りの原因に関する俗説

〈説1〉男の子に死産、新生児死亡、乳児死亡などが多いので、男の子が多く生まれるのは男女の数を平均化するように進化した結果である、という説。

この説は広く受け入れられているようである。それは、生後二八日未満の新生児や生後一年未満の乳児死亡は、女の子一に対して、男の子は一・二〜一・四と高く、一般に男の子は育てにくいといわれているからである。男子が多く生まれることで、結局は、男女比を平均化する効果がある、というのである。しかし、男女比の平均化は、人間の文化にとっては意味をもつかもしれないが、人という生物の繁殖戦略にとってはたいした問題ではない。子孫の数はメスの数によって決まる。メスとオスが同数ならば生殖が有利になるわけではない。オスは精子の提供者であればよいのだから。

〈説2〉成人男性は女性より短命である。胎児でも男性の方が弱く、それを補うためにY精子はX精子の二倍生産される、という説。

この説はまったくの誤りである。男性が生産するY精子とX精子は同数であることは多くの観察で確認されている。女性の方が強いという思いを精子にまで投影すると、このようなでたらめなことも平気で言うようになるのだろうか。

〈説3〉性比に偏りが生じる原因は、Y精子がX精子より小さいので速く卵子に到着するためである、という説。

Y染色体はX染色体の三分の一ほどの大きさしかないため、Y精子はX精子に比べて少しだけ軽く、遠心機を用いて両者を分離することができるほどである。しかし、精子が輸卵管の中にいる卵子めがけて競争するとき、重いX精子より軽いY精子の方が有利になるという証拠はない。精子の挙動は女性の生殖管の中と遠心機の中とではまったく違う。膣に放出された莫大な数の精子は、卵巣から放出されるフェロモンに反応して輸卵管へと導かれていく。精子はべん毛を動かして移動するが、さらに女性の生殖管の筋肉の収縮が精子の遊泳を助けている。精子のほんの少しの大きさの違いが問題になるとは考えられない。ただし、X精子とY精子の性質がまったく同じというわけではないようだ。

第3章　兄弟姉妹はなぜ違う

今回のテーマは兄弟姉妹か……。私と姉はよく似ているが、でも違う。私の方が姉より少し背が高くて、体重が軽い。性格も違うし、姉の方が小さいときからおおらかで、私はいろいろなことが気になっちゃう。同じ両親から生まれたのに、どうしてこうも違うのかしら。今回の授業でその秘密が解き明かされるということかしら。楽しみだわ。

遺伝情報はＤＮＡにある

先の授業で、一卵性双生児は一個の受精卵の二分割で生まれたので、その兄弟あるいは姉妹は同じ遺伝子をもつことになる、と述べました。それでも、姉妹のX染色体はモザイクになっていました。それでは普通の兄弟姉妹はどうなのでしょう。同じ両親から生まれた兄弟姉妹は似ているけれども、結構違います。違いがあるということは、彼らが遺伝的に違っていることを意味しています。このことは、また、母親の卵子や父親の精子の一個一個が遺伝的にすべて同じではないことを暗示しています。これは卵子や精子の形成と密接に関連していることなのです。

生殖細胞である卵子や精子のもつ染色体数は体細胞の半分の二三本でした。また、生殖細胞のもとになる細胞である卵原細胞や精原細胞は四六本の染色体をもち、それらが減数分裂という過程で半減して卵子や精子が形成されることもすでに述べました。個々の生殖細胞のもつ個性は、この減数分裂の過程で生じるのです。

減数分裂の理解を助けるためにDNAの話をまずしておきましょう。DNAはデオキシリボ核酸(Deoxyribonucleic acid)の略号で、テレビにも新聞にもときどき登場するので、これまでに何度もお目にかかったことがあるはずです。簡単にいうと、DNAこそが人を含めた生物の遺伝情報の担い手です。この物質の形状は細長い糸で、染色体は糸状のDNAが染色体特有のタンパク質に絡みついた構造をしています。

DNAはアデニル酸(A)、グアニル酸(G)、チミジル酸(T)、シチジル酸(C)の四種類の単位が順不同につながってできた長い長い分子です。四つの単位はヌクレオチドとよばれていますが、その並び方が遺伝情報になるのです。人の細胞核に含まれている一セット二三本の染色体のDNAは、全部で三二億個のヌクレオチドのつながったものです。ヒトDNAのA、G、T、Cの並びは、今や、ほぼ完全に決定されています。ちなみに、X染色体には一億六〇〇〇万個、Y染色体には五〇〇〇万個のヌクレオチドがつながったDNAが含まれています。

体細胞や卵原細胞・精原細胞は卵子・精子の二倍の染色体をもつため、DNAも二倍あることになります。

ふーん、DNAって一見複雑そうだけど、案外簡単なものなんだ。ともかく四種類のヌクレオチド、A、G、T、Cのつながった糸のようなものと理解しておこう。

多様性は減数分裂から

今、一セット二三本の染色体に含まれるDNA量を一×DNAと表記すると、二セット四六本の染色体は二×DNAと表記することができます。卵子や精子はそれぞれ一×DNAを含み、そのもとになる卵原細胞や精原細胞は二×DNAを含むことになります。

二×DNAの卵原細胞や精原細胞は、減数分裂によって一×DNAの卵子や精子になりますが、その過程で細胞に含まれる二×DNAはいったん二倍に複製され、四×DNAになります。四×DNAを含む細胞が二分裂すると、二×DNAをもつ二個の細胞になりますが、それがまた二分裂すると、一×DNAをもつ細胞、すなわち、卵子や精子が四個できる勘定になります。

結局、二×DNA→複製→四×DNA→分裂→二個の二×DNA→分裂→四個の一×DNA、ということになるわけね。これを減数分裂というのか。でも減数分裂でDNAはなぜ一度複製するのかな。数を増やすためだけならこんな面倒なことをする必要はないと思うんだけど。

卵原細胞や精原細胞は、母親と父親由来の染色体をそれぞれ一セットずつ、都合二セットもっています。これらの細胞が減数分裂過程に入ると、まず、DNAが複製されます。そのとき、母方の一番染色体と父方の一番染色体とは対を形成します。二番染色体も三番染色体も同様で、二三本の染色体が全部それぞれ対になります。男性のもつ性染色体のXとYの染色体は大きさがかなり違いますが、XYで対を形成します。

ここで、同じ番号の染色体でも、母方と父方ではそこに含まれるDNAのヌクレオチド配列に微妙な違いがありますが、このヌクレオチド配列の相違が人それぞれのもつ遺伝的な個性であるのに注目してください。

卵原細胞や精原細胞が減数分裂過程に入ると、まず、両親からの同じ番号どうしの染色体は対合しながら複製します。この過程で二本だった染色体（二×DNA）が四本（四×DNA）になりますが、複製しつつある染色体は不安定で、ところどころが切れてまたつながるという切断と再結合が繰り返されます。つまり、複製途中の染色体が対を形成して接近すると、母方の断片と父方の断片とがところどころで切断され、それらが再結合することで断片の入れ替えが起きるのです。このような現象を染色体の乗り換えとよんでいますが、減数分裂の複製期で頻繁におきます。乗り換え部位は一本の染色体あたり一〇カ所はあると見積もられています。その結果、複製された染色体は母方の断片と父方の断片がパッチ状につながることになります。このような染色体の乗り換えによって、10^{22}〜10^{23}種類という天文学的な数字の、微妙に違う染色体セットができます。人は生殖のために膨大な数の卵子や精子を用意しますが、その一個一個に含まれる染色体はみな微妙に違うことになり、同じ両親から生まれる子どもたちがそれぞれ違うことになります。

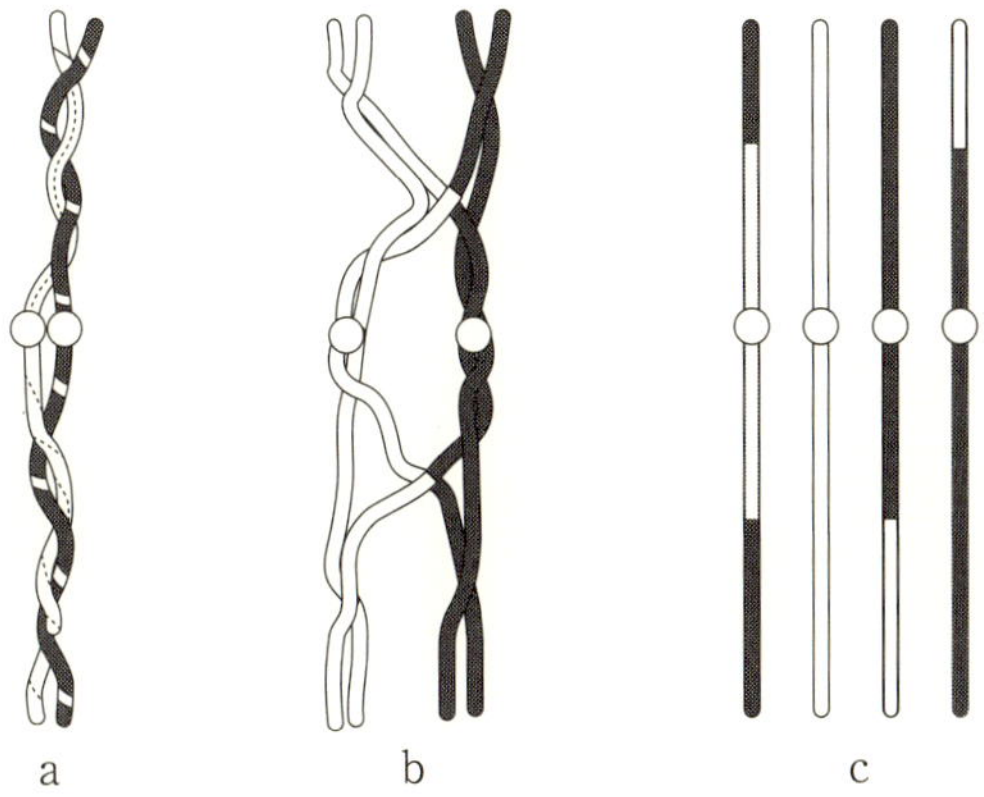

染色体の乗り換え　黒は母由来、白は父由来の染色体。(a)母由来、父由来の染色体はそれぞれ複製して２本の染色分体になっている。ここで染色分体の切断・再結合が生じる。ただし、この図では見えない。(b)染色分体の交換が行われている場所が２カ所見える。(c)交換後の４本の染色分体。

前の授業で、生殖細胞の染色体二三本が父母のどちらに由来するか不思議に思っていたが、やはり両方からだったのね。

しかも、生殖細胞の一個一個が遺伝的な個性をもっていることになる。だから私と姉にも違いがあるのね。

ここでちょっと注意してほしいことがあります。精子をつくる精原細胞が減数分裂する時、一番から二二番の常染色体はそれぞれ対をつくって乗り換えを起こします。ところが、X染色体とY染色体は対をつくるが、乗り換えは起こしません。ということは、父親のY染色体はそっくり男の子どもにひき渡されていくことを意味します。Y染色体のDNAを解析すれば男性の系統をたどることができるわけです。

精子形成と卵子形成の違い

男性の精子は精巣でつくられます。思春期を迎えると二×DNAをもつ精原細胞は活発に増殖を始め、それらが減数分裂によって精子になります。しかも男性はかなり高齢になるまで精子をつくり続けます。

精原細胞が減数分裂によって精子になる場合、まずDNAを複製して四×DNAをもつ一次精母細胞になります。これが分裂して二個の二×DNAをもつ二次精母細胞になりますが、このとき先

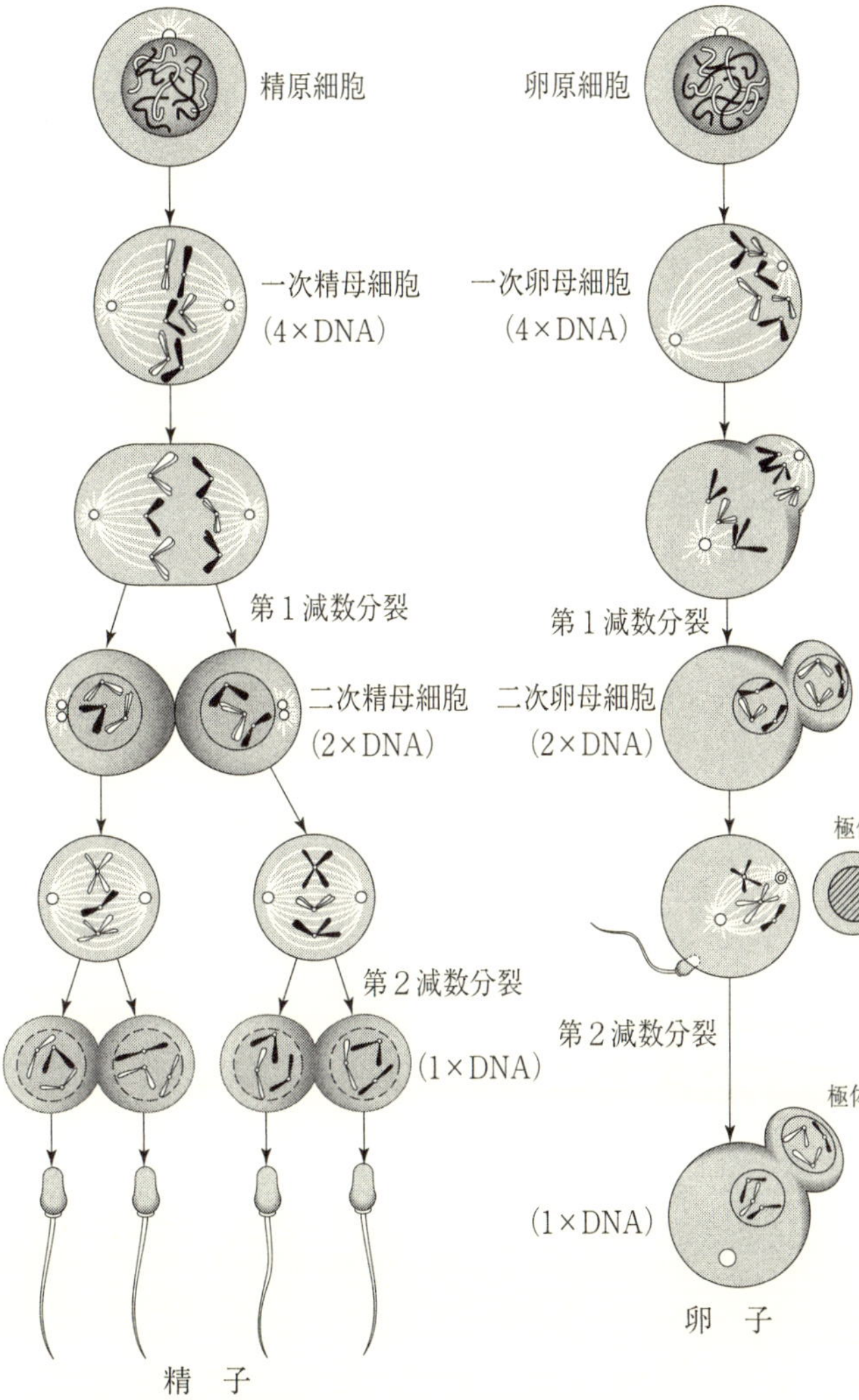

精子と卵子の形成　卵巣に4×DNAの一次卵母細胞が保存されて誕生する。排卵で第1減数分裂が生じ、受精で第2減数分裂が生じる。

に述べた染色体の乗り換えで母方と父方の染色体がシャッフルされ、無数の組み合わせをもつ細胞ができあがります。二次精母細胞はさらに分裂して四個の一×ＤＮＡの精子細胞になるわけです。精子細胞は成熟して最終的に精子になります。

精原細胞から減数分裂で精子細胞になるまでの時間は二四時間ですが、精子細胞が成熟して精子になるまでには五週間もかかります。成人男性は一日に一億個の精子を生産しますが、その母方と父方からの遺伝子の組み合わせはどの精子をとっても微妙に違います。男性は一回の射精で二～四ミリリットルの精液を放出しますが、精液一ミリリットルには一億個の精子が含まれています。しかし、卵管に到達する精子は約六〇〇〇個で、しかも卵管における精子の寿命は二日ほどしかありません。もし一ミリリットルの精液あたり精子が二千万個以下だと精子減少症といわれ、不妊の原因になります。

一方、卵巣の中にある卵子は裸の卵細胞ではなく、卵細胞の原形質膜はゲル状の厚い透明帯に取り巻かれていて、それをさらに卵胞上皮が包んでいます。卵細胞自体は直径〇・二ミリメートルほどの球状ですが、卵胞全体の直径は一センチ近くもあります。卵巣から放出された一個の卵胞に一〇〇〇個ほどの精子が取りつき、それらは酵素作用で透明帯を溶かしながら侵入します。そして、最終的に一個だけの精子が卵子の中に入り、受精するのです。一個の精子を卵子に入れるために、余分に数億個の精子が必要とされるわけです。精子一個一個に人になるための遺伝子が含まれていることを考えると、なにか膨大な無駄をしているようにも思えます。しかしこれが人という生物の繁殖戦略なのです。

私が数億分の一の精子から生まれたと思うとヘンな気分になる。私は選ばれたのかな、それともほんの偶然の落とし子なのかな。精子から見たら数億分の一だけど、卵子から見たらどうなのかしら。

ところで、女性は一生涯分の卵子を卵巣にためこんで誕生します。これは毎日精子をつくる男性と決定的に違うところです。女の赤ちゃんが誕生する時、受精から八週の胚はいろいろに分化し、なんとか人らしい格好になりますが、この時期に卵巣ができて、二×ＤＮＡの卵原細胞が登場します。この卵原細胞は活発に分裂を繰り返して数を増やします。そして卵原細胞は減数分裂過程に入り、ＤＮＡを複製して四×ＤＮＡをもつ一次卵母細胞になります。このとき染色体の乗り換えが起きます。この一次卵母細胞は胎児の卵巣でそのまま休止状態に入り、その先の分裂を止めてしまいます。こうして女の赤ちゃんは卵巣に約二〇〇万個の一次卵母細胞をもったまま出生を迎えることになります。その後、四×ＤＮＡをもつ一次卵母細胞は思春期にいたるまでに成熟しますが、その過程で数を六〇万個に減少させます。

女性はメンスが起き始めると、およそ月に一度、卵巣から卵子を排出するようになります。卵巣では脳下垂体からのホルモンの作用を受けて、四×ＤＮＡの一次卵母細胞が一回目の減数分裂を開始し、二×DNAの細胞が二個できます。しかしこの時、細胞は均等に分裂せず、細胞質のほとんどは一方の細胞だけに渡され、他方には渡されません。細胞質を受け取った細胞が二次卵母細胞になるのです。細胞質のない方は極体といわれ、二次卵母細胞に付着した状態で残ります。

二×DNAをもつ二次卵母細胞は、二回目の減数分裂の準備をした状態で卵巣から卵管に排卵され、精子が来れば受精します。

二次卵母細胞の受精能は二〜三日しかありません。受精してはじめて、二×DNAの二次卵母細胞は分裂を完了します。この時の分裂も均等ではなく、一方だけが細胞質を受け取り、他方は極体になります。細胞質を受け取った卵細胞の中で、卵由来の一×DNAと精子由来の一×DNAが合体して、二×DNAをもつ受精卵になるのです。なお、排卵された二次卵母細胞は、精子と合体して受精しなければそのまま捨てられてしまいます。

ちなみに二次卵母細胞が分裂する時、それに付着していた最初の極体も分裂することがあり、受精卵に三個の小さな極体がついた状態になります。極体はその後分解され、消えてなくなります。

そうか、私の卵巣には四×DNAの一次卵母細胞が六〇万個もあるのね。それに、卵の場合は、四×DNA→四個の一×DNAになるわけじゃないんだ。極体なんて、生物の体の中ではまだまだ不思議なことだらけだわ。生産される精子と卵子でなんでこんなに数が違うのかしら。

精子の場合、精巣中で二×DNAの精母細胞一個が一度DNAを複製して四×DNAになり、二回の減数分裂で一×DNAの精子四個ができました。一方、卵子の場合は、卵巣中から放出された四×DNAの卵母細胞一個から二回の分裂で一個の卵子にしかなりませんでした。この違いは何によるのでしょうか。

受精卵から胚が発生を進めるとき、大量のタンパク質の合成が要求されます。タンパク質合成のためには、RNAという分子と、さらに特別な細胞内装置であるリボソームが必要です。RNAはリボ核酸（Ribonucleic acid）の略称で、その構造はDNAによく似ています。やはり四種類のヌクレオチドのつながった分子です。RNAとDNAのヌクレオチドはとてもよく似ていますが、少しだけ違いがあります。

タンパク質合成を活発に行う卵細胞には、普通の体細胞の二〇〇倍のRNAと一〇〇〇倍のリボソームを含んでいます。また、卵細胞内のタンパク質含量は肝臓細胞の五〇倍もあります。このように卵子は発生のために多量の細胞質を要求するのです。減数分裂の主要な目的は染色体の半減と多様性の獲得でしたが、卵細胞はそれらを達成しつつ、一個の卵子に細胞質を温存したのです。精子は受精のためにはほとんど細胞質を必要としません。

ところで、今回の授業のテーマは、同じ両親から生まれた兄弟姉妹が似ているけれども違っている原因を探ることでした。これまでの話でわかるとおり、父親が生涯かけて作り出す数兆個にものぼる精子で、まったく同じものは二つと期待できません。母親の卵巣に貯えられている六〇万個の一次卵母細胞でも事情は同じです。兄弟姉妹は違う方が当たり前で、似ているとしたらよほどの偶然の結果ということになります。

成人女性が卵巣から卵子を放出するのは三〇年間で約五〇〇個ですが、これは卵巣中にある卵子の一〇〇〇分の一ほどです。人は二～三人の子どもを産むためにこれだけのことをしていることになります。

数兆の父の精子のうちのたった一個、母の六〇万個の卵子のうちの五〇〇個から選ばれた一個、それから私が生まれたのね。なんという偶然かしら。これでは姉と違っていて当然よね。でも、人が地球上で存続するために、これほど膨大な精子や卵子を用意すると考えると、とても奇妙な気がするわ。

流産は減数分裂の失敗から

生まれてくる赤ちゃんは受精卵の三分の一ぐらいでした。あとの三分の二は脱落してしまいますが、それは発生の初期に起きやすく、多くの女性はそれに気づきません。染色体が異常になった受精卵は正常な発生をしません。減数分裂で染色体分離が正常に行われないために起きる染色体異常

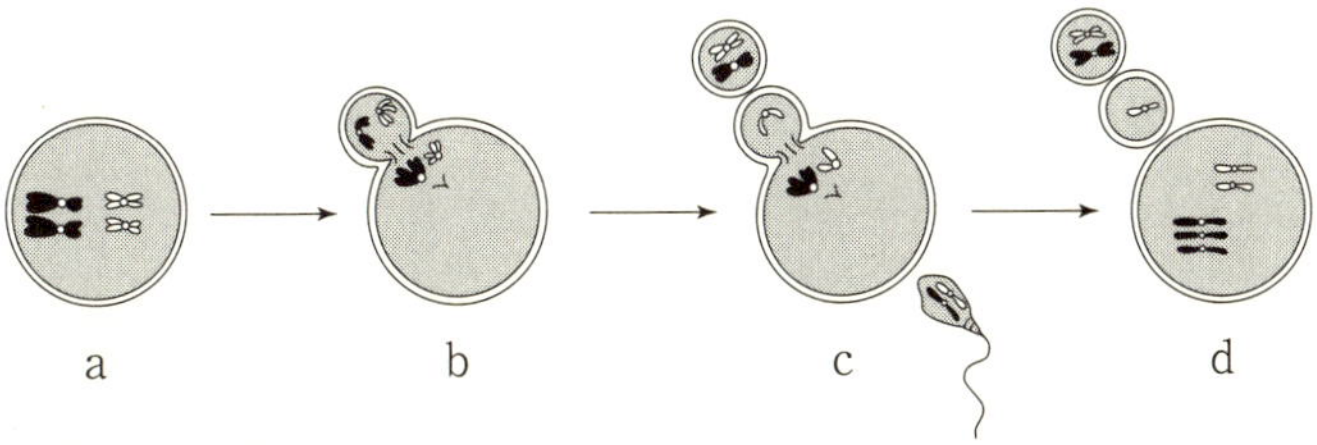

染色体の不分離　二次卵母細胞が受精で第２減数分裂をする際、染色体の分離に失敗すると受精卵は余分の染色体をもつ。(a) ４×DNA をもつ一次卵母細胞。(b) 第１減数分裂で生じる極体をもつ二次卵母細胞。(c) 受精で第２減数分裂が起きる。この時、不分離が生じている。(d) 余分の染色体をもつ受精卵。

の例がよく知られています。

卵巣にある四×ＤＮＡの一次卵母細胞は、排卵のとき一回分裂して二×ＤＮＡの二次卵母細胞になり、さらに精子と受精して二回目の分裂を完了し、一×ＤＮＡをもつ極体を放出します。これらの分裂過程で、細胞質は一方の卵細胞だけが受け取りますが、染色体は正確に半分ずつ卵細胞と極体に分配されなければなりません。しかし、まれに染色体が正確に等分に分離しないことがあります。その結果、卵細胞の染色体が余分になったり不足したりします。

きちんとした数の染色体をもたない受精卵は正常に発生せず、多くは途中で脱落します。すなわち流産です。しかし、たまに誕生する場合があります。新生児の二〇〇分の一が染色体異常をもつといわれています。このような赤ちゃんには身体的・精神的異常が見られます。その中に、二一番染色体の分離異常で生じるダウン症候群が知られています。二×ＤＮＡの二次卵母細胞が受精して最終的に減数分裂する際、小さな二一番染色体が極体の方に分離せず二本とも卵細胞に残ってしまうことがあります。そうなると、受精卵は精子からの分をあわせて三本の二一番染色体をもつことになります。他の常染色体は二本ずつあるのに二一番染色体だけが三本になるのです。これは二一トリソミーといわれ、ダウン症の原因になります。

ダウン症候群は一九世紀の英国の内科医ダウンが初めて記載したことからこの名があります。ダウン症の人は特有な風貌をしていて、心臓疾患や精神の発達遅延などを伴うことが多いのですが、もちろん大きな個人差があります。二一トリソミーの発生頻度は母親の年齢と共に増加します。出産年齢が一五～二九歳では一五〇〇分の一ですが、三〇～三四歳で八〇〇分の一、三五～三九歳で二七〇分の一、四〇～四四歳で一〇〇分の一、四五歳以上では五〇分の一と、高齢になればなるほど発生しやすくなります。

そういえば高齢出産は危険といわれているわ。高齢になると染色体不分離が起きやすくなるのだから、やはり出産は若い時の方がいいのね。極体は消失してしまうのに、染色体の分配って、とても重要なのね。

Ｘ染色体の数の異常

精子形成の際に性染色体をもたない精子ができることがまれにあります。この精子が受精すると、Ｘ染色体が一本しかない受精卵ができます。また、受精した卵母細胞で最終の減数分裂をするとき、Ｘ染色体が不分離を起こして二本とも極体に渡してしまうことがあります。Ｙ染色体しかない受精卵は発生しません。しかし、Ｘ染色体が一本しかない受精卵でも、発生して女の赤ちゃんが生まれることがあります。このような女の子は身長が伸びず、性的発達にも障害が出ます。Ｘ染色体を一本しかもたないために生じる女性の疾患はアメリカの医師ターナーによって報告されました。現在、ターナー症候群とよばれています。女性の五〇〇〇人に一人の割合で存在しますが、Ｘ染色体が一本欠けたままで発生できたのは運のいい方で、多くの場合は発生に失敗してしまいます。流産の五分の一はこれにあたるといわれています。

逆にＸ染色体が余分にある例がアメリカの医師クラインフェルターによって見つけられました。このような人の性染色体はＸＸＹで、見かけは男性ですが精子をまったくつくりません。Ｙ精子が受精した二次卵母細胞でＸ染色体が分離せずにＸＸＹになってしまったのです。この異常は男性の一〇〇〇人に一人の割合で見つかります。クラインフェルター症候群の症状は一般には軽く、不妊の検査を受けて初めて見つかる例が多くあります。

検査したことはないけど、私の性染色体はしっかりＸＸのはずだわ。外見上どう見ても私は女だし、メンスもきちんとある。大丈夫、大丈夫……。

染色体の異常は出生前に検査できます。妊娠一五〜一八週の羊水を採取し、その中に含まれる胎児の皮膚細胞を培養して染色体を検査するのです。二一番染色体が三本あればダウン症候群の赤ちゃんが生まれることになります。Ｘ染色体が一本しかなければ生まれてくる赤ちゃんはターナー症候群になります。もし、性染色体がＸＸＹならばクラインフェルター症候群になります。出生前の診断で、染色体異常が発見された場合、人工妊娠中絶をするかどうか、悩ましい選択を迫られることになります。このような出生前診断には倫理上いろいろ問題があります。今回はそれをレポートしてください。

〔私のレポート〕出生前診断と生命倫理

出生前診断とは赤ちゃんが生まれる前に異常があるかどうかを調べることである。超音波診断、絨毛（じゅうもう）診断、羊水診断、胎児採血法、母体血清マーカーテストなどがある。超音波診断では、エコーを使って胎児の様子を直接画像で見るので、五体が満足かどうか診断することができる。妊娠五〜六週から観察可能となる。染色体異常や遺伝子異常の診断には、妊娠九〜一二週の妊婦の胎盤絨毛を子宮頸管から採取して調べる絨毛検査、妊娠一五〜一八週で採取した羊水の胎児細胞を検査する羊水診断、あるいは二〇週台半ば以降の胎児のさい帯血の細胞を調べる胎児採血法などがある。母体血清のマーカーテストは妊娠一五〜一八週の妊婦の血液をとって検査する。このテストは安全であるが確実とはいえず、異常が疑われた時は羊水診断などで確かめなければならない。

出生前診断で、ダウン症候群やターナー症候群、クラインフェルター症候群などの染色体異常が発見された場合、中絶するかどうか悩むことになる。受精から八週間も経てば発生はかなり進んでいるので、診断される頃には胎児は人らしい格好になっている。障害があるからといって胎児の生命を絶っていいものかどうか、苦悩なしに決断できない。

私の知人に二卵性双生児をもつ人がいるが、一方の子がダウン症である。出生前診断で双子の片方に二一番染色体のトリソミーが見つかった時、両親の悩みは一通りではない。知人の場合、二人の子どもを産んで育てることを決意したわけで、その子たちは、今、すくすくと育っている。

出生前診断は、多くの場合、異常が見つかったら中絶することを前提として行われている。そこで、なるべく中絶の苦しみをやわらげるために妊娠初期の段階で診断できるような方法の開発が期待されている。しかし、いずれにしても障害が見つかった時、その胚の生命を絶つかもしれない、ということに変わりない。

不妊治療の一環に体外受精がある。この方法では、卵子を体外に取り出して、容器の中で精子と受精させて培養し、八～一六細胞に分割した受精卵を子宮に戻している。これは、たとえば卵管に異常があって受精できないような場合に適用される。

この方法自体の倫理的問題もあるが、最近では、さらに体外受精卵を遺伝子診断の対象にする、という新たな問題が登場している。これは着床前診断といわれるもので、体外受精卵の四～八細胞期から一～二個の細胞を採取して、遺伝子診断を行う。この方法は、異常な遺伝子だけでなく、好ましい遺伝子をもつ子どもを選択することをも可能にする。

そもそも、障害児は本当に生まれない方がいいのだろうか。根本的問題に立ち返って考える必要がある。これは、また、障害をもつとはどういうことかという問いでもある。これらのことを真剣に考えないで、ただいたずらに出生前診断とか着床前診断の技術が進歩すればいいというのは大変疑問である。

第４章　性を語る

女性の生理、つまりメンスが妊娠に関係することは小学校以来ある程度は習ったけど、いまいちピンとこなかった。だいたい性を語ることはタブーになってるわ。人前で話すことはあまりないじゃない。この授業ではどんなふうに性が語られるのかしら。

排卵があっても妊娠しない場合、子宮内膜がはがれて数日間出血します。それが生理、つまりメンスです。そもそもメンスつまり月経は、英語では menstruation で、これはラテン語の *mensis*（month　月）と *struere*（stream　流れる）からきています。ずいぶんストレートな表現ですが、学術用語ともなると何か重々しくなるから奇妙なものです。今回はメンスがどのように起きるのか、ということから始めて、人の生殖、性感染症などについて述べます。

脳に支配される性行動

われわれの性行動は脳に支配されています。まずその説明から始めましょう。いま、人の脳をキノコに見立てると、傘の部分は左右の大脳半球にあたります。ここにわれわれの創造力の大本があります。笠の後ろにちょっと出っぱった小脳があり、柄の部分が脳幹と脊髄（せきずい）です。脳幹は上から間脳、中脳、橋（きょう）、延髄で、脊髄につながります。脳幹の機能が停止すると、脳死状態になり、人工的な生命維持装置なしには生きられません。間脳は大脳と中脳の間にあり、大脳に深く入りこんでいます。間脳は、視床・視床上部・視床下部・下垂体から構成されていますが、そのうちの視床下部に動物の食行動や求愛・生殖などの性行動の中枢があります。視床下部の特定部分を破壊するとまったく餌を食べなくなったり、他の部位を破壊すると反対に際限なく食べ続けるようになります。また、別の部分をこわすと

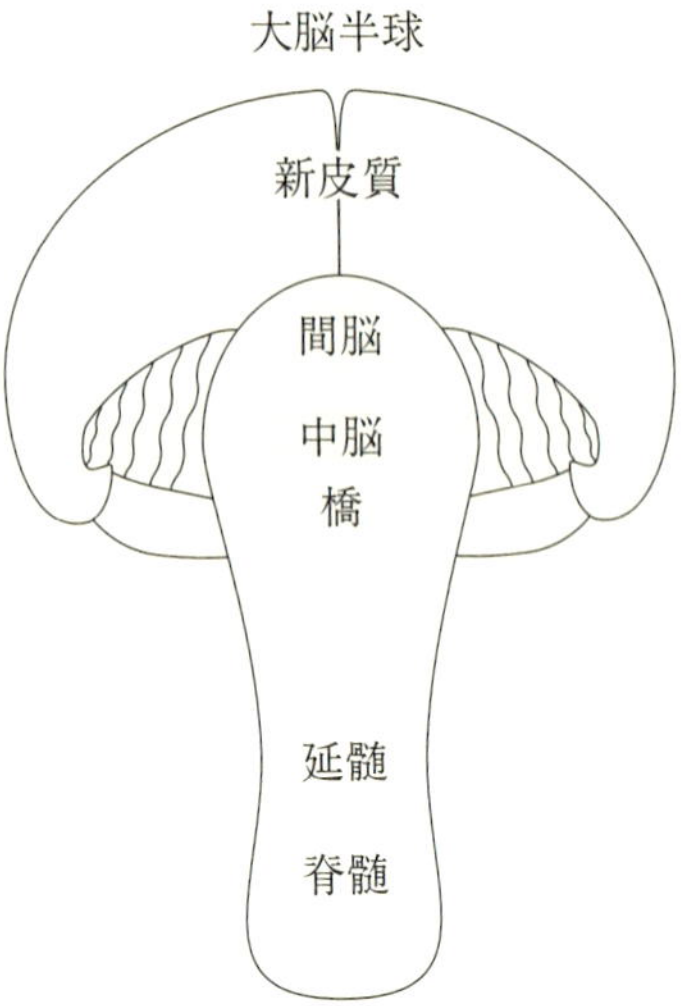

キノコの形をした脳

性行動を示さなくなります。

われわれの性周期、すなわち卵巣からの排卵、ならびに子宮内膜の脱落によるメンスを支配しているのは視床下部です。視床下部と卵巣との信号のやりとりはホルモンで行われています。卵巣と脳下垂体から分泌されるホルモンが重要なのです。卵巣からのホルモン濃度を視床下部が感知し、その情報に基づいて脳下垂体からのホルモン量が調節されます。

そうか、やっぱり大切なことは脳の働きによるものなのね。脳幹は食欲・性欲など動物の本能を支配しているわけね。

性周期はホルモンで調節

メンスからメンスの期間、つまり月経周期は、普通、二八日です。メンスの始まりを一日目とすると、この時から数日の間、子宮の内膜がはがれて出血します。すると、視床下部から脳下垂体に指令が出て、脳下垂体は卵胞刺激ホルモン（ＦＳＨ　Follicle stimulating hormone）というタンパク質性のホルモンを分泌するようになります。卵巣には女性の一生涯の卵子である約六〇万個がそれぞれろ胞という袋の中に納められていることを思い出してください。その卵子は、先に述べたように四×ＤＮＡをもつ一次卵母細胞で、一回目の減数分裂の手前にあります。分泌されたＦＳＨは卵巣の中の一個のろ胞に作用して、それの成長と一次卵母細胞の成熟を刺激します。

ＦＳＨ刺激の数日後、ろ胞はエストロゲンというステロイド系のホルモンを分泌するようになります。エストロゲンは子宮内膜に作用して、脱落した子宮内膜の修復と成長を促します。

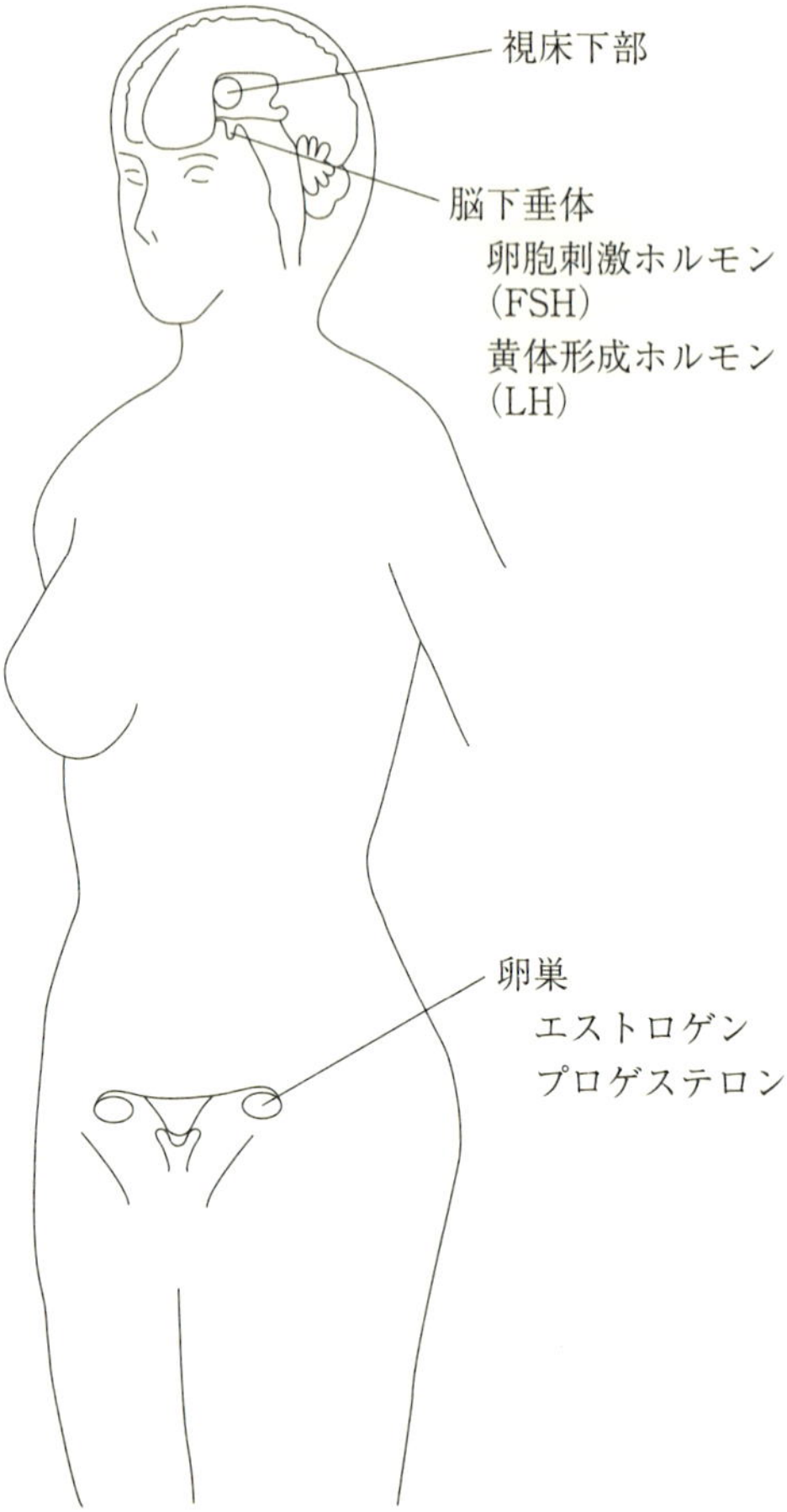

性周期を調節するホルモン

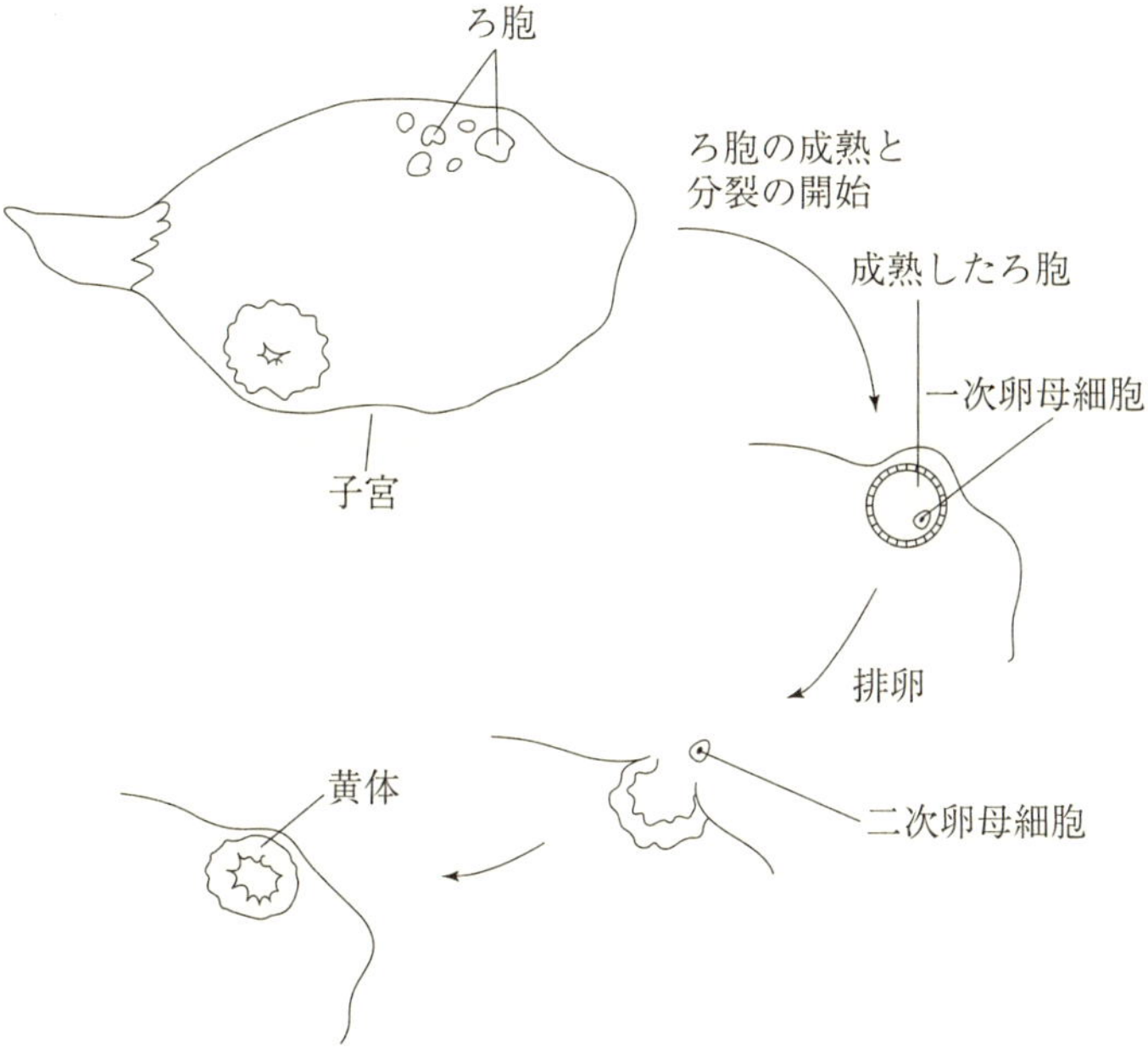

子宮におけるろ胞の成熟・排卵・黄体形成

一四日が経過する間に、子宮内膜は次第に肥厚し、ろ胞も成熟し、ろ胞中の一次卵母細胞も減数分裂の準備が整います。このとき、エストロゲンの濃度は臨界点に達しますが、その情報が脳の視床下部に伝えられます。すると今度は、視床下部が脳下垂体に黄体形成ホルモン（LH Luteinizing hormone）を分泌するように指令します。LHは成熟したろ胞に作用して一次卵母細胞の減数分裂を完了させると同時に排卵を誘起します。このようにして、極体を伴った二×DNAの二次卵母細胞が卵管に放出されるのです。

卵子を放出したろ胞は黄体に変身します。黄体はルテインという黄色の色素を含むのでこうよばれています。黄体はエストロゲンのほかにプロゲステロンというステロイドホルモンを分泌し、子宮内膜をさらに成熟させます。プロゲステロンの作用で、基礎体温は〇・三℃ほど上昇します。このとき、もしそこに精子がやってきて受精すると受精卵になり、それは子宮内膜に着床して、妊娠することになります。

エストロゲンとプロゲステロンは女性ホルモンです。エストロゲンは「女性をつくるホルモン」

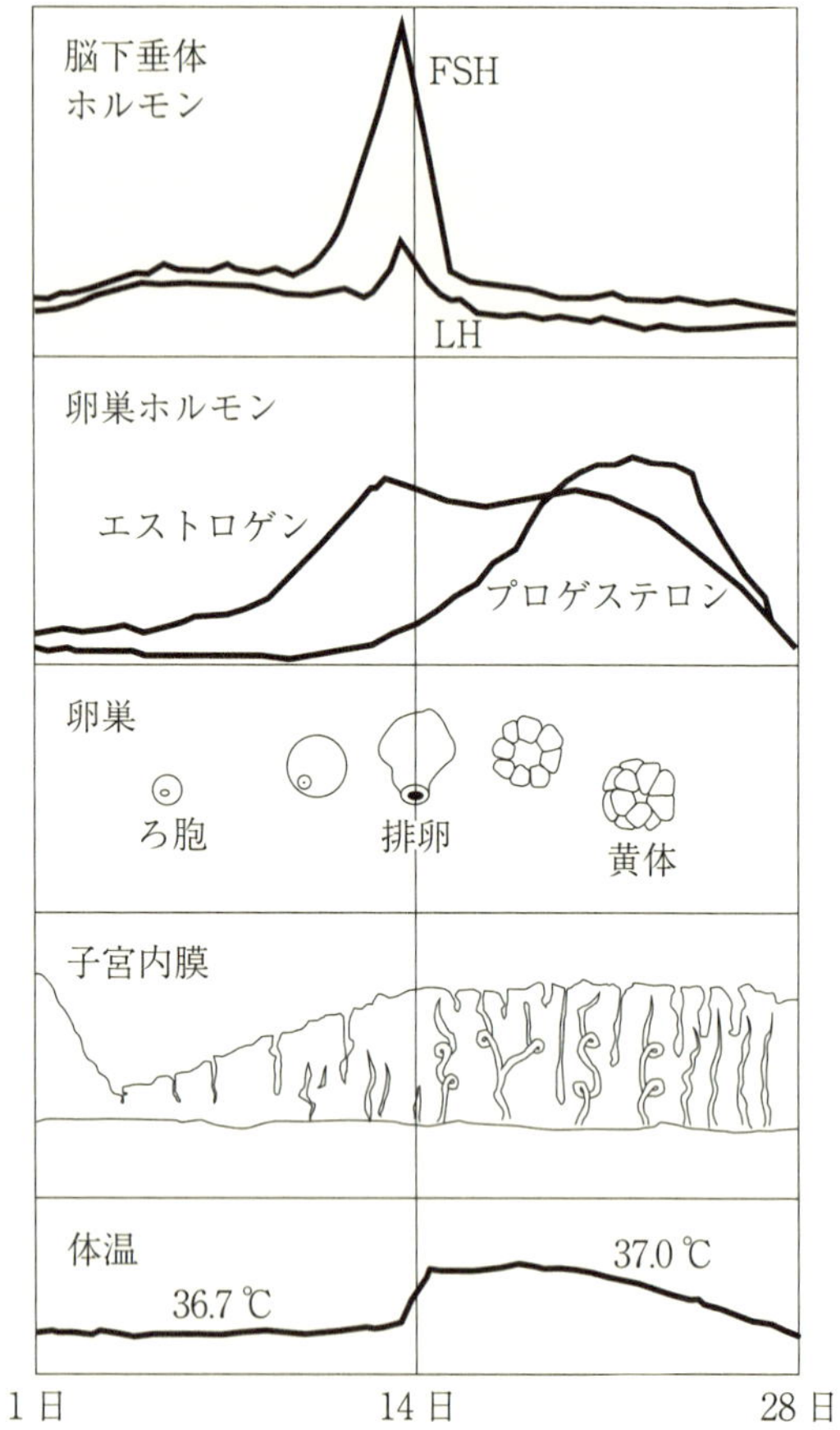

性周期

といわれていて、脳や子宮だけでなく女性の体全体に作用し、第二次性徴を引き起こし、女性らしさをつくり出します。一方、プロゲステロンは「妊娠の成立・維持のホルモン」といわれ、子宮内膜に働きます。これらのホルモンは、同時に、視床下部・脳下垂体に作用して性周期を調節するのです。ちなみに精巣で生成されるテストステロンは男性ホルモンで「男性をつくるホルモン」です。

えーと、FSHは卵胞成熟、LHは排卵と黄体形成、エストロゲンとプロゲステロンは子宮内膜の修復・成長・維持。だんだん難しい話になってきたわ。

妊娠した時、しない時

排卵された卵母細胞が受精しなければ、子宮内膜はさしあたり不用になり、脱落する運命をたどります。女性は一生のうちに数人の子どもしか産みませんので、排卵された卵子はほとんど捨てられてしまうことになります。着床のためにせっかく用意した子宮内膜も、ほとんどの場合用なしになってしまうのです。受精卵が子宮内膜に着床しなければ、黄体は衰えて、ホルモンの分泌も減少します。同時に、子宮内膜が脱落し出血が始まります。これが生理、メンスの始まりです。黄体からのホルモン減少の情報は、また、視床下部に伝えられます。そうすると、視床下部は脳下垂体に

ＦＳＨ分泌の指令を出すことになり、一番最初の状態に戻ります。このように排卵やメンスが脳によってコントロールされているので、当然、月経周期は大脳皮質にも影響を与え、それによって精神的状態が左右されることになります。

一方、排卵された卵子が精子と出会って受精し、その受精卵が胚盤胞になって着床すると、すでに第1章で述べたように、胚盤胞の栄養芽層はヒト絨毛性性腺刺激ホルモン（ＨＣＧ）を分泌するようになります。このホルモンは黄体に作用してプロゲステロンの分泌を促し、その作用で子宮内膜が維持されます。胎児を育てるため、子宮内膜から栄養が胚に送り込まれるのです。エストロゲンとプロゲステロンは、子宮内膜の成長と維持を行うと同時にろ胞の成熟と排卵を抑制します。妊娠した時、胚はＨＣＧを出すことで母体の排卵を抑えるわけです。

私も生物だから子どもを産むのは当たり前なんだけど、メンスってやっかいなものよね。せっかく作った子宮内膜を受精卵がないからといってなにも毎月毎月脱落させるのは無駄なんじゃないかしら。受精卵を着床させて確実に妊娠するためには新鮮な子宮内膜が必要なのはわかるけど、進化の過程で人はもうすこし賢いやり方を編みだせなかったのかしら。こんど進化するときはもっと楽な方法ができたらいいのに。

卵子と精子の出会い

卵巣から卵管に放出された卵子は、卵巣に近い場所で精子と出会い、受精します。男性は勃起したペニスを女性のワギナに挿入し、精子を含む精液を放出します。一回の射精で数億個の精子が放出されますが、卵子に到達するのはせいぜい六〇〇〇個程度です。

男性は性的に興奮すると、ペニスの海綿状組織に血液が充満し固くなり勃起します。これはペニスの動脈が弛緩して血液が流れ込んでくるためです。性的刺激が脳に伝わると、神経細胞から一酸化窒素が放出され、それが血管の弛緩因子の合成を指令するのです。一酸化窒素のような簡単な化合物によってペニスの勃起が調節されているわけです。バイアグラは勃起させる薬物として有名ですが、この薬は血管の弛緩因子の分解を妨げる作用をもっています。

ペニスの先端のグランス（亀頭）は接触による刺激に敏感で、激しい興奮が脳に伝わり、オーガスムに達し、射精します。一方、女性も性的に興奮すると、女性性器の前方にあるクリトリスが充血し勃起します。これは発生学的にはペニスに相当し、刺激に対してきわめて敏感です。ペニスのワギナへの挿入によって激しく興奮し、オーガスムに達します。

まったく！　男子と一緒に授業でセックスの話を聞くなんて初めて。ワギナとかクリトリスとかペニスとかオーガスムなんて、なんとなく知ってはいたけど……。将来子どもをもつには、このへんもやはりきちんと整理して知っておく必要があるわね。

生殖から独立した性行動

生殖に関して、人とそれ以外の動物とのあいだには大きな違いがあります。動物には季節的に決まった繁殖期や発情期がありますが、人にはありません。人は一年中生殖可能な特異な動物で、二八日周期で発情を繰り返しています。

人以外のほとんどの哺乳類のメスは発情期にかぎってオスを受け入れます。動物進化の上でチンパンジーは人にもっとも近い霊長類で、約八〇〇万年前に分岐したとみなされていますが、チンパンジーのメスの性周期は人に比べてやや長く三五日です。発情期は、排卵の約一〇日前から排卵日の翌日までです。性周期は人と同じようにエストロゲンによって調節されています。このホルモンの分泌によってメスの外陰部が充血し腫脹します。人にはこのような外陰部の腫脹は見られません。また、チンパンジーのメスは妊娠中はもちろん、乳飲み子がいると四～五年は発情しません。

チンパンジーの近縁種にボノボがいます。これは以前ピグミーチンパンジーといわれていた種で、アフリカのコンゴのザイール川とカサイ川にはさまれた地域に住む小型の霊長類です。チンパンジーとは約二〇〇万年前に分岐しました。

ボノボの性行動はチンパンジーと大いに違っていて、むしろ人に近いのです。彼らは妊娠とは無関係に交尾し、性周期に関係なくメスはオスを受け入れることができます。また、出産して一年も経つと乳飲み子を抱えているメスも発情し交尾します。しかし、四～五年は妊娠しません。

ボノボは集団の中の緊張を緩和するために性行動を起こします。群れが森の中で大好きな果物を見つけたとき、彼らは興奮し、性行動を始めます。オスとメスはもちろんのこと、同性どうしや子どもも含めて盛んに性行動を行います。その結果、緊張が和らぎ、果物を平和裡に分配することができます。チンパンジーであればまずボスが餌を手に入れることが多いのですが、決まって小競り合いが起きます。

チンパンジーでは、オスの集団が群れの実権を握っていますが、ボノボではメスとオスとは対等のようです。他の群れから来た新参のメスは、積極的にメスの実力者たちと性行動を行い、緊張を緩和しようとします。このようにして彼らは群れでの地位を安定化させようとするのです。ボノボでは、生殖とは無関係の性行動の方が圧倒的に多いのです。

ボノボの性行動はほんとに人に似ているのね。でも、人がボノボのように集団の中でセックスしたらとんでもないことになっちゃう。

人も生殖のためだけに性交渉を行わないし、そのほとんどは生殖を目的としていません。性交渉は男女間だけでなく同性間の愛情の表現でもあったりします。人の場合、ワギナル（膣の）だけでなく、エイナル（肛門の）やマニュアル（手の）あるいはオーラル（口の）など、さまざまな性交渉の形態があり、一般に高度にプライベートな行為です。

さらに人ではパートナーを必要としないオナニーも普通にみられます。この言葉は『旧約聖書』創世記第三八章に出てくるユダの子オナンに由来します。「ユダの長子エルはエホバに背いたことでエホバに殺された。そこでユダは次子のオナンに兄の妻をめとって兄の代わりに子を生めと命じた。オナンは自分の子にならないことを知って、兄の妻のところに行ったとき子が生まれないように精液を地に洩らしてしまった。このようなことはエホバにとっては悪行と映り、エホバはオナンを殺した。」

オナンの行為は正確には中絶性交にあたりますが、これが今ではマスターベーション（自慰）の代名詞として使われています。オナニーが健康に悪い影響を与える、といった指導がしばしばなされてきましたが、そのような証拠はまったくありません。そのような指導はむしろ青年に心理的圧迫を加えて、性行為に対する罪悪感をつくり出しています。

人には生殖から独立した性行動が広範に認められます。子どもを生むためでなくワギナルな性交渉を行う場合、避妊がきわめて重要になります。ピルやコンドームの使用は必須です。避妊をしない性交は生命をもて遊び軽んじることにつながります。性や生殖に関して興味本位でない正しい知識を得ることで、さらに深い愛情を経験することが可能になります。

セックスにはワギナルだけでなく、オーラルとかマニュアルがあるのね。これまでの授業では習ったことがないわ。男性の同性愛の性交渉はエイナルということ？

問題になっている性感染症

ここで性感染症について述べておきましょう。日本には、以前、性病予防法という法律がありました。この法律では、梅毒、軟性下疳（げかん）、鼠径（そけい）リンパ肉芽腫（にくがしゅ）、淋病の四つの病気を「性病」とみなしてきました。しかし、近年、これらの病気以外に性行為によってうつる微生物感染症が増加し、それらをまとめて「性感染症」あるいはその英語のSexually transmitted diseaseの略号である「ＳＴＤ」という言葉が一般に使われるようになりました。ちなみに、性病予防法は最近、伝染病予防法およびエイズ予防法と一緒になって性感染症予防法に統合されました。

エイズもＳＴＤの一種で、ＨＩＶ（ヒト免疫不全ウイルス）というウイルスの感染によって引き起こされる病気です。これについては後ほど、授業で取り上げることにしています。

現在、エイズ以外のＳＴＤで一番多いのがクラミジア感染症です。クラミジアは細菌の仲間ですが、細胞に寄生して増殖するところはウイルスに似ています。男性性器に感染すると、尿道炎を起こし、尿道の不快感、かゆみ、膿（うみ）の分泌を伴います。女性の場合、感染初期で子宮頸管（けいかん）炎を起こしますが、まったく症状が出ません。しかし、やがて子宮から卵管を経て子宮付属器のあたりに浸入し、そこで炎症を起こし、さらに骨盤腹膜炎をも引き起こします。これは不妊や子宮外妊娠の原因になります。

クラミジア感染症は、今、大きな問題になっています。症状がとくにないため、妊娠で産婦人科を訪れた人の五パーセント前後の子宮頸管からクラミジアが検出される、と報告されています。しかも、一八〜一九歳で約二〇パーセント、二〇歳代で約九パーセントと、若い人ほど高率に感染を起こしています。ある病院のデータによると、妊娠中絶を希望して来院した女性の実に一五パーセントが陽性で、中でも一九歳以下で二四パーセントもあったといいます。これらの背景には、複数あるいは不特定の相手と性交渉する、いわゆる「性の自由化」の問題があります。東京都幼稚園・小・中・高・心障性教育研究会の二〇〇二年の調査によると、高校三年生までに性交体験をもっているものは、女子で四五・六パーセント、男子で三七・三パーセントでした。地域差はあるものの、全生徒の実に一〇〜二〇パーセントがクラミジアに感染していました。「中学生の意識調査」では、中学三年生の異性との交際で「性交する」と答えた者は、男子二七・一パーセント、女子二一・五パーセントに上りました。

ウワー、驚いた。ＳＴＤ患者ってそんなにたくさんいるの？　まわりでもチラホラうわさは耳にするけれどこれほどまでとは知らなかった。古いタイプの純潔教育はごめんって感じだけれど、性やＳＴＤについてのちゃんとした知識は絶対必要よね。もっと勉強しておかないと。

性教育の重要性

「性」は子孫を残すというわれわれ生物の最も重要な生殖に必須なものです。ところが性交には大きな快楽が伴います。人の感じる快感の中でも性交は最高位にあります。これは若い人にとって大いなる魅力です。性の快楽は、生殖を促進し、確実にするために進化の過程で動物に賦与された感覚です。性交が苦痛であるなら、人は滅びてしまうし、もともと存在しないでしょう。そしてまた、性は人間にとっては人間性の根源である「愛」に関連しています。相手を思いやるやさしい心、相手にふさわしい自分になりたいという願い、同時に、一人占めしたいという思い、片時も忘れられなくなる切ない思い。恋愛は、人間性を高め鍛える最高の学校です。

しかしながら、性には大きな快感があるだけに、放縦に流れ、精神的愛情のない衝動的なセックスが行われがちです。そのような関係には精神的な不安定が伴います。それゆえ、性の問題は、倫理・道徳の中核に据えられてきました。性の放縦が社会を不安に陥れるからです。有史以来、すべての社会は、性をコントロールするためにさまざまな工夫を凝らしてきました。わが国では伝統的に、性をタブー視しながら男尊女卑の思想を広め、制度的な一夫一婦制をつくり上げてきました。しかしそのような性に関する伝統は、今日、大きな挑戦を受けています。新しい倫理が求められています。同時にＳＴＤの暗い影が性の問題全体に覆いかぶさっています。それだけに今、新しいタイプの性教育が求められています。

性の問題は、なかなか微妙で、オープンに語ることがはばかられる場面が多くあります。そのことが性をきちんと理解する妨げになっています。しかし、性に関する考え方や態度がその人の人格の重要な部分を形成することを忘れないようにしたいものです。今回のレポートでは経口避妊薬であるピルについて書いてください。

〔私のレポート〕ピルとは何か

経口の避妊薬であるピルにはエストロゲン作用をもつ薬物とプロゲステロン作用をもつ薬物が含まれている。避妊が必要なとき、二一日間ピルを服用して、七日間休む。この間に子宮から軽い出血がある。

ピルは主にエストロゲンとプロゲステロン作用によって排卵を抑えることで妊娠を防ぐ。また、このホルモンは子宮頸管の粘液の濃度を上げるため、精子が子宮に入りにくくなり、子宮内膜の成長が抑えられるので受精卵が着床できなくなる。

ピルは現在の避妊法のなかではもっとも安全で効果が確実なものであり、世界中で使用されている。日本では九年にもおよぶ審議の結果、一九九九年になってようやく解禁された。医薬品の認可は厚生労働省（もと厚生省）の中央薬事審議会の論議を経て行われる。ピルがなかなか認められなかった背景には、副作用に関する心配だけでなく、男性中心の審議会の、性に対する一方的な見方があったようだ。ピルの解禁によって性道徳が乱れるという声さえ聞かれた。

審議の最中にエイズが大きな問題になってきていた。ピルを解禁すればコンドームの使用が減ってしまい、エイズの原因ウイルスであるＨＩＶの感染予防の障害になるとの意見が強く主張された。もちろんＨＩＶ予防にコンドームがきわめて有効である。しかし、ピルの解禁に反対するためにエイズ問題が利用された観がある。

ところが審議の過程でバイアグラが登場した。何と、これが男性用の医薬品としてあっさりと承認された。バイアグラの承認がピルの承認を加速したといううわさも流れた。審議会の男性委員の女性を差別する態度の表れではないだろうか。

一九六〇年にアメリカで初めて認可されたピルには血栓症、心筋梗塞、脳卒中、静脈血栓症などの副作用が出て、問題になった。しかし、現在使用されているピルはホルモン量を少なくした低用量ピルで、副作用の危険性は大変低くなっている。しかし、タバコを吸う人は要注意で、心筋梗塞の危険が増し、静脈血栓症の危険もやや上昇する、という。

ピルを使用してはならない人は、静脈血栓症の人、あるいは既往歴の人、狭心症の人、妊娠している人、乳癌を患っている人、などである。ピルは、当然、ＳＴＤ（性感染症）の予防にはならない。しかし、ピルの服用により子宮頸管の粘液濃度が高まり、それによって細菌が侵入しにくくなり、不妊や子宮外妊娠につながる骨盤内感染症を起こす危険性が低下する。

緊急避妊法としてもピルを使用することができる。暴行されたとき、あるいは予定外のセックスなどで緊急に避妊したい場合、七二時間以内に四倍量のピルを服用する。ヨーロッパやアメリカですでに用いられている。

日本では、妊娠した女性のうち、希望した妊娠で出産した人は三六パーセント、予定外の妊娠で出産した人も三六パーセントと報告されている。既婚者の四人に一人が中絶を経験している。妊娠についての正しい知識の普及が必要である。同時に、私たちはピルやコンドームなどを用いた適切な避妊法を学び、実践する必要がある。

第5章　クローンをつくる

いろんなクローン動物ができているみたいで、これまで、羊、牛、猫、犬などのクローン誕生のニュースを聞いたわ。クローンは一卵性双生児のようなもの、と理解しているけど、本当はどうなのかしら。今回の授業はクローン動物だけど、ほかの動物のようにクローン人間なんてできるとしたら気持ち悪い。

クローン動物の誕生

クローン羊ドリーの誕生が初めて報告されたのは一九九七年二月のことでした。それをきっかけに日本でもクローン牛生産の試みが続々となされました。その後、マウス、豚、山羊、猫、犬など、各種の哺乳類のクローンがつくられ、その都度話題になりました。そして人はどうなのだろう、ということが不安といくぶんの好奇心をもって語られました。これまでに、イタリアやアメリカなどでクローン人間誕生についての発表がありましたが、いずれもでたらめで、発表者のスタンドプレーにすぎないことが判明しています。

クローン人間の誕生は、原理的に不可能なことでないかもしれません。しかし、そのような研究は倫理上許されるべきものではありません。これは科学研究の原点です。そのような研究が許されるとすれば、ありとあらゆる悪魔的な実験ができることになります。

バチカンのローマ法王庁も、人のクローンの作製は事前に対象を選んでコピーするもので、人間を奴隷化する犯罪行為である、と非難しています。日本では、二〇〇一年に施行された「ヒトに関するクローン技術等の規制に関する法律」でクローン人間を誕生させることを禁止しています。もし違反すると、一〇年以下の懲役もしくは一〇〇〇万円以下の罰金、または両者の併科という刑罰が科せられます。

法律で禁止しているということは、やはりクローン人間誕生の可能性あり、ということだよね。もし不可能なら禁止の法律は無意味だもの。ひょっとして世界のどこかでクローン人間が誕生してるなんていうことないでしょうね。

そもそもクローンとは何か

『大辞林』（第2版）によると、クローンとは、一個の細胞あるいは個体から無性生殖によって増えた細胞群あるいは個体群、と説明されています。生物学では、細胞や生物個体の他にさらに遺伝子も加えています。すなわち、一個の遺伝子が複製されてできた同一遺伝子のコピー群もクローンといいます。

クローンという言葉は、もともと植物学で使われてきた用語で、ギリシャ語の *klon*（小枝）からきています。植物では、体細胞をバラバラにして培養すると、完全な植物体にまで再生させることができます。この方法を使うと、一個の植物個体からそれとまったく同じ遺伝子をもった植物体を多数作ることができます。そこで、同一遺伝子をもつ植物体をクローンと呼んだのです。しかし、クローンは、今や植物学の領域だけでなく生物学全般で使用されるようになりました。

動物の体細胞からクローンをつくる試みは、一九六八年にアフリカツメガエルで初めて成功しました。カエルの未受精卵から核をピペットで吸い出して無核の卵をつくり、それにオタマジャクシの腸管細胞から抜き出した核を注入しました。すると、腸管細胞の核をもつ卵が正常に発生してカエルになったのです。この実験によって、いったん腸管のように分化したカエル体細胞の核にも再びカエル個体をつくり出す能力のあることが証明されました。しかし、このようなことは両生類に特別で、哺乳類では無理なのではないかとずっと思われてきました。ところが予想に反して、一九九六年、英国ロスリン研究所のウィルムートとキャンベルらはクローン羊を誕生させることに成功し、世間を驚かせたのです。これがクローン羊ドリーです。

もしも私のクローンができたら、それは私とまったく同じ細胞と遺伝子をもつんだから、顔かたち、性質など私とそっくりで区別がつかないじゃない。こんなのが何人もいたらどんなことになるんだろう。やっぱり兄弟姉妹のように違いがある方がいいな。

クローン羊ドリーの誕生

クローン羊をつくるためにロスリン研究所の研究グループは、まず、四種類のメス羊を用意しました。一つは体細胞の核を供給する羊。二つ目は卵子を供給する羊。三つ目は卵管を結紮（けっさつ）した羊で、その卵管で卵を胚盤胞にまで発生させます。そして、四つ目の羊は、胚盤胞から胎児を発生させるために子宮を提供する代理母です。

一番目の羊として、妊娠後期にある六歳のフィン・ドルセットが選ばれました。この羊は全身白

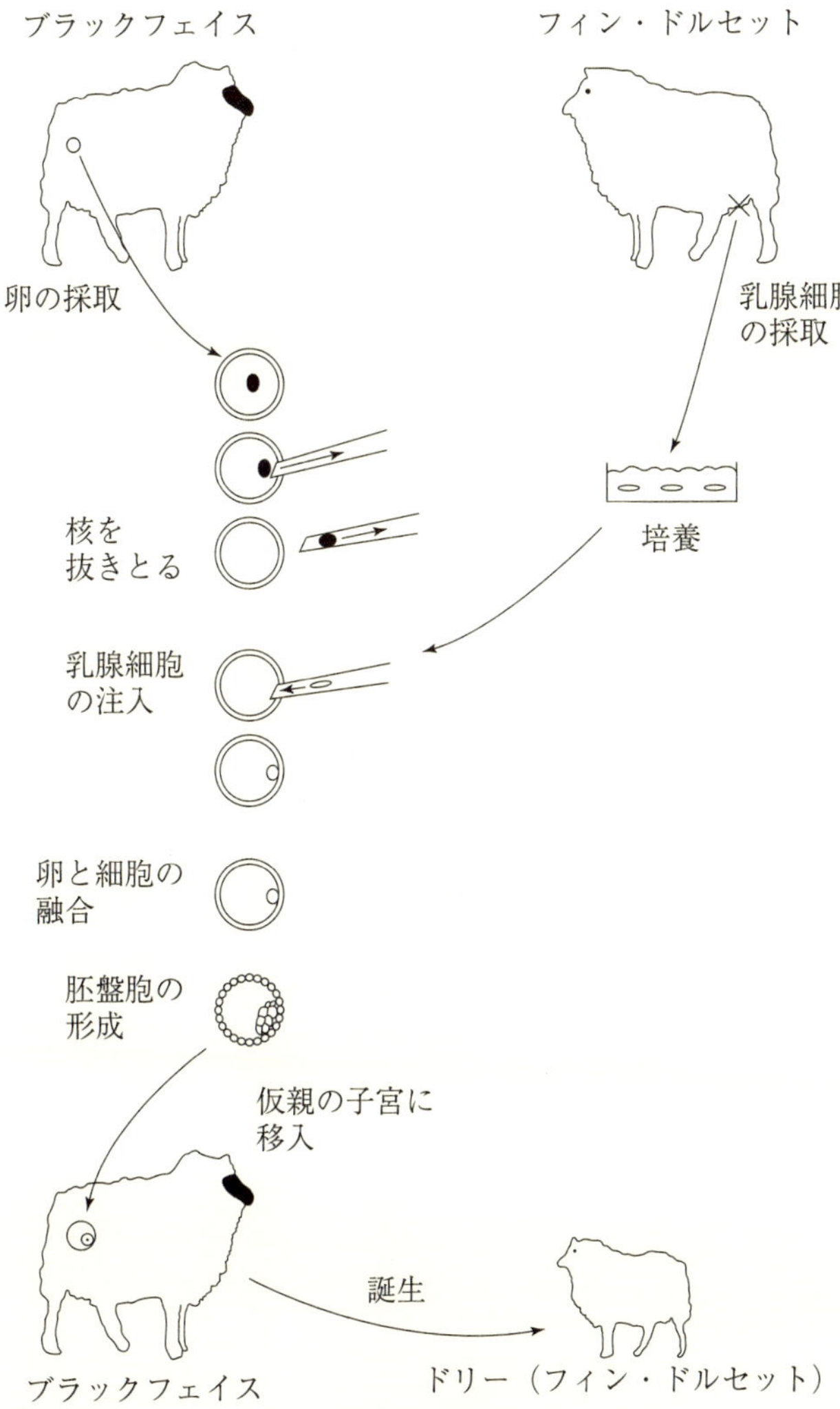
ブラックフェイス
フィン・ドルセット
卵の採取
乳腺細胞
の採取
核を
抜きとる
培養
乳腺細胞
の注入
卵と細胞の
融合
胚盤胞の
形成
仮親の子宮に
移入
誕生
ブラックフェイス
ドリー（フィン・ドルセット）

ドリーの誕生

色です。これから取り出した乳腺細胞を培養皿の中で培養し、増殖が停止した状態にしておきます。二番目から四番目はいずれもブラックフェイスで、その名のとおり顔の色が黒い羊です。ホルモン処理で疑似妊娠状態にしたブラックフェイスから未受精卵を採取し、その卵に微小なピペットを差し込んで核を吸い取りました。このようにして脱核した卵に増殖停止したフィン・ドルセットの乳腺細胞を挿入して、電気刺激を加えることで二つの細胞を融合させました。その結果、フィン・ドルセットの体細胞核とブラックフェイスの細胞質をもつ二七七個のハイブリッド卵を用意することができました。これらは受精卵に相当します。

次に、これらハイブリッド卵を三番目の羊の結紮した卵管中で培養し、六日目で二九個の胚盤胞を回収することができました。これらを一〜三個ずつ四番目の仮親である一三頭のブラックフェイスの子宮にそれぞれ入れ、妊娠させました。一四八日目に、そのうちの一頭だけが赤ちゃんを生みました。その赤ちゃん羊はフィン・ドルセットの特徴をもっていました。これこそフィン・ドルセットの体細胞核から由来したクローン羊です。研究者たちは、有名なアメリカのカントリーミュージックの女王ドリー・パートンにちなんで、この赤ちゃん羊をドリーと命名しました。

なんてラッキーな研究だったのかしら。二七七個ものハイブリッド卵からたった一頭しか生まれなかったなんて。それにしても随分忍耐のいる実験だわ。

この実験は、クローン動物の作製が哺乳類でも可能であることを示した最初の例です。これにより分化した哺乳類の体細胞核にも分化全能性のあることが明らかにされました。これは生物学の上でも大変重要な結果です。

ある細胞が分化全能性をもつということは、その細胞が個体を構成するすべての体細胞と生殖細胞になりうる、ということです。先にも述べたことですが、われわれ人は胚盤胞の内部細胞塊から発生しました。つまり、内部細胞塊の細胞は分化全能性をもつといえます。しかし、個体にまで発生すると、個々の体細胞はそれぞれ特殊に分化します。神経細胞と肝臓細胞では機能が違うわけです。それは発現している遺伝子が違って、生産するタンパク質が違うからです。これまで、分化は不可逆で、いったん分化した体細胞が分化全能性をもつ細胞に逆戻りすることはありえない、と考えられていました。

ところが、分化した羊の乳腺細胞の核にも分化全能性のあることが判明したのですから、ドリーの誕生は単にクローン羊が生まれたというだけではなく、これは生物学上の一大事件だったのです。

クローン動物なんて単純なコピー技術ぐらいに思っていたけど、発生学的にも大きな成果だったのね。分化した体細胞にもすべての細胞に分化する潜在能力、ポテンシャルがあるってことね。すごい！　私の体の六〇兆個の細胞全部から、私のクローンができるかもしれないってこと？

同じ三毛猫はいない

ペットのクローンができたらいいと思う人は大勢います。愛していたペットが死んだときの悲しさはペットを飼ったことのある人なら誰でも経験することです。

テキサスA&M大学の研究者たちはメスの三毛猫の卵丘細胞をとって、それを卵細胞に移植し、その胚を代理母に移して子どもを産ませました。卵丘細胞というのは卵巣の中で卵子の回りを囲んでいる細胞です。移植に使ったクローン胚は八七個で、無事に生まれたのは一匹だけでした。この成功率は、実は、ドリーの場合とあまり変わりません。いま試みられているマウスや牛、豚、山羊などのクローン作製の成功率もほぼ同じで、かなり低いものです。

生まれた三毛猫がクローンであることは、母猫のDNAと一致することで確かめられています。研究者たちは、Eメールでおなじみのカーボンコピーの頭文字をとってこのネコにCc.というあだ名をつけました。しかし、Cc.は母親にとてもよく似ていますが、三毛の柄はまったく同じというわけではありません。

三毛猫については一卵性双生児の説明の時に触れたので思い出してください。三毛は白・黒・茶の三色の毛の交じったメスです。このメスの二本のX染色体のうち、一方に茶色の遺伝子があり、もう一方に黒色の遺伝子があります。発生初期の細胞で片方のX染色体がランダムに凝縮されて不活性化されるため、毛の色が皮膚の各部分でまだらになります。だから、三毛のパターンはたとえクローンでも猫ごとに違うことになります。Cc.の三毛の交じりぐあいは母猫とは違うし、姉妹が生まれていたらそれとも違うはずです。

寸分違わずまったく同じというわけにはいきませんが、それでもかなりよく似たクローン猫ができるということで、アメリカでは早くもクローン猫の作製を引き受ける会社ができています。一匹三四〇万円で請け負うそうです。今後成功率が高くなればもっと安くできるようになるはず、ということです。生前からペットの体細胞を保管しておけば、いざ死んだときそっくりさんを注文すればいいというわけです。

そう、三毛の柄は違うんだった。うちのゴロくんの細胞を保存しておいたらどうなんだろう。オスじゃだめなのかしら。

クローン動物は正常か

クローン動物に異常はないのでしょうか。乳と肉の成分について、クローン牛と自然に育てられた牛とで厳密な比較検査が行われました。その結果、両者で変わりないことが確かめられました。しかし各種のアンケートでは、かなりの消費者がクローン牛の乳や肉は口にしたくないと答えています。

一般の消費者がまだクローンって言葉に慣れていないだけのことで、牛に変わりはないのだから平気なような気もするけど。でも、絶対お値段は高いよね。何となくクローンって響きが怖いし、買う人なんているのかしら。

マウスは生物学の研究には欠かせない実験動物です。繁殖力が強く飼育が簡単であり、そのうえ、これまで長い間の交配によって遺伝的に純系のマウスがいろいろつくられてきました。クローンマウスの作製は生物研究者にとって避けては通れない課題でしたが、なかなかうまくいかず、一時は不可能ではないかといわれたほどです。ところが一九九八年、ハワイ大学の日本人研究者たちがクローンマウスの作製に成功しました。

つくり方は、基本的にドリーの場合と同じです。メスマウスの卵巣内から卵丘細胞を採取し、その細胞の核を脱核した卵に挿入しました。このようにして得た組み換え卵を容器の中で培養し、発生した胚を代理母の子宮に着床させました。全部で二二匹のクローンマウスが誕生しました。大型動物と違ってマウスでは一度に何十匹ものクローンをつくり出すことができます。ただし、クローン誕生の成功率は相変わらず低く、生まれたマウスは着床した胚の$\frac{1}{80}$～$\frac{1}{40}$でした。それでもとにかくマウスのクローンができたので、クローン動物誕生の基礎的な問題に取り組むことができるようになりました。

マウスのクローニングで、まず、明らかになったのは、誕生したクローンマウスには肥満の傾向があり、免疫機能の障害が発生する率が高いということでした。これまでのところ、この性質がクローンの子どもに伝わっていくようなことは観察されていません。しかし重要なのは、クローンマウスは寿命が短く早死にする傾向のあることです。体細胞核から発生したクローン動物と通常の受精卵から発生した動物とのあいだの性質の違いを明らかにする研究はこれからの課題です。

クローンをつくるとき、どの体細胞を選ぶかは大きな問題です。哺乳類の体細胞は少なくとも二○○種類あります。それらの細胞の遺伝子がそれぞれ原理的には同一であったとしても、卵に移入する場合、すべてが発生可能な状態にリセットされる保証はありません。これまでの実験では、実際、自然の受精卵とまったく同じではないし、すべての細胞でクローンが誕生するわけでもありません。

クローン人間をつくることなど倫理的に許されることでないし、原理的にも技術的にもきわめて困難です。クローン人間を誕生させる、あるいはさせた、などというこれまでの報道は人を惑わす流言蜚語(りゅうげんひご)の類いであって、まともにつき合うわけにはいきません。

あたりまえよね。だいたい人間を実験動物のように扱うなんて無理だわ。それにクローンをつくったって、三毛猫の例もあるから完全に同じなんてこともないだろうし……。

胚から組織を再生させる

クローン人間をつくることは原理的に許されることではありません。人間の尊厳を傷つけてはならない、これは科学と技術の拠って立つ原点です。しかしながら、人の部品とみなされる臓器や組織をつくることはどうでしょうか。

先にも述べたように、受精卵から発生した胚盤胞の内部細胞塊の細胞は、人の体のあらゆる組織の細胞になるポテンシャルを有しています。つまり分化全能性があります。それでは、この細胞を使えば臓器や組織の再生が可能なのではないでしょうか。そしてまた、このような細胞を分化全能性をもったまま容器内で増殖させることができないものでしょうか。もしそれが可能なら、分化全能性を有する細胞を大量に調製することが可能になります。

そのことを調べるために、まず、A系統マウスの胚盤胞から内部細胞塊の細胞を採取し、培養器の中で増殖させました。このようにして増やした細胞を別のB系統のマウスの胚盤胞の中に入れ、そのものを代理母の子宮に着床させて妊娠させました。生まれた赤ちゃんマウスはA系統とB系統マウスのモザイクになりました。すなわち、キメラマウスです。このマウスではどの臓器や組織をとってもA系統とB系統の細胞のモザイクなのです。こうして分化全能性をもつ細胞の増殖が可能になりました。

培養器の中で増やした内部細胞塊細胞を胚性幹細胞（ES細胞 Embryonic stem cell）とよびます。上の実験から、ES細胞がマウス個体のすべての組織に分化しうる全能性をもつことが示されたのです。

クローン動物の作製には、まず、脱核した卵子に体細胞核を挿入して融合卵子をつくりました。

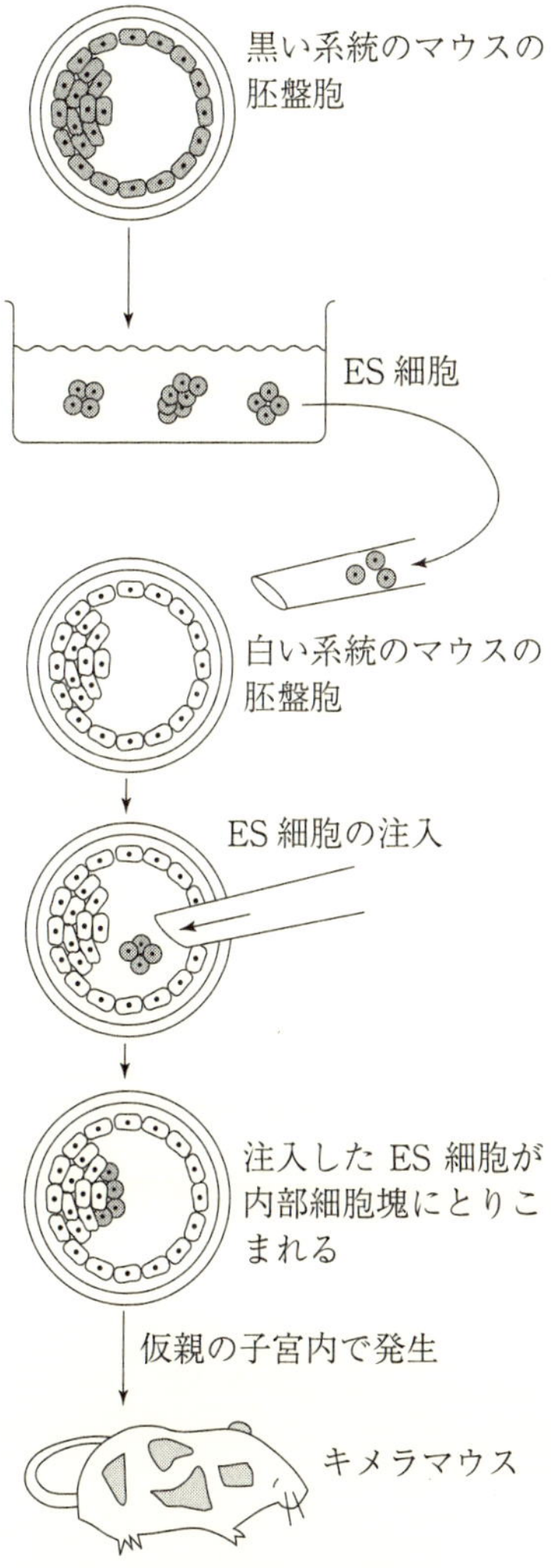

キメラマウスの作製

この卵子から発生した胚盤胞は、体細胞由来の遺伝子を有する内部細胞塊をもつことになります。これらの細胞も培養器の中で増殖させることが可能で、分化全能性を有しています。このような細胞はクローン胚とよばれています。これに対して、精子と卵子の融合でできた通常の受精卵から作られた胚細胞は受精胚とよばれます。受精胚もクローン胚もともにES細胞株になりえます。

ES細胞の医療への応用可能性がひらけたことは、医学、バイオテクノロジーの世界だけでなく、企業、マスメディア、政界に大きな衝撃を与えました。受精胚やクローン胚などのES細胞を使えば、臓器移植に頼ることなく損傷した組織を再生できるかもしれません。とくに、クローン胚は自分自身の体細胞の核をもっているので、再生には大変好都合です。普通、他人の細胞は拒絶されてしまうからです。

そうか。私のクローン胚をつくっておけば、私のどの臓器も再生することが可能になるってわけね。でも臓器をつくりだすなんて夢のような話だし、そんな都合のいいことしていいのかしら。

日本では脳死移植法が制定されてから何年も経ちますが、脳死からの移植ははかばかしく進んでいません。これは多くの日本人が脳死を人の死と認めるのにかなりの抵抗感をもっていることの表れです。また、人工臓器の研究も大きな進展が見られず、臓器不全症の治療が行き詰まっているの

が現状です。ＥＳ細胞を使った再生医療に期待が寄せられるゆえんです。
　しかしながら、研究は始まったばかりで、まだまだほんの序の口です。人のＥＳ細胞もすでにつくられているとはいいながら、マウスのように人で実験できるはずがありません。しかも、ＥＳ細胞の分化を調節することにはまだ成功していません。しかし現在、研究は活発になされていて、それほど遠くない将来にＥＳ細胞を用いた再生医療が実現すると考えられています。しかしながら、ＥＳ細胞には腫瘍化する可能性があり、それが排除できないかぎり実用化は困難です。さらにそのうえ、この研究は大きな倫理上の問題をはらんでいます。

　今回のレポート課題は、クローン人間騒動と人の胚研究の倫理問題です。それぞれ調べて書いてください。

〔私のレポート１〕　クローン人間騒動

　これまでにいくつかのグループからクローン人間の作製についての発表があった。まず、二〇〇一年一月、イタリアの産婦人科医とアメリカの生殖生理学者で元ケンタッキー大学教授が、それぞれクローンベビーを誕生させると宣言し、物議を醸した。ところがもちろん、今日にいたるまでこれら二つのグループの話が本当なのかどうか第三者が確認したという報告はないし、彼らのパフォーマンスにすぎなかったことは明らかである。

二〇〇二年一二月には、「クローンエイド」という会社の研究者がクローン技術によってはじめて女の子を誕生させた、と発表した。スイスに本部のある新興宗教団体「ラエリアン・ムーブメント」がクローン人間をつくるためにこの会社を設立した、というのである。この教団は、「人類は二万五〇〇〇年前にクローン技術によって異星人エロヒムが創造したもので、エロヒムによる地球救済のプロジェクトを実現するのがこの運動の目的である」と主張している。これはまったく噴飯ものだ。もちろんクローン人間誕生はでっち上げであった。

いずれにしても、クローン人間はきわどい話題づくりに利用されている。このような報道に関して、私はジャーナリズムの姿勢にも大きな問題があると思う。だいたいこのような話題は報道に値するのだろうか。科学的に見てもおかしい。いい加減な医者や教団の言い分を取りあげて、さも重大事件であるかのように報道するのは、ジャーナリズムとしての見識が疑われる。

〔私のレポート2〕　ヒト胚研究の倫理的問題

生命技術が進歩するたびに生命に関する倫理問題が浮かび上がってくる。クローン人間の是非は比較的判断しやすい問題であるが、ＥＳ細胞の利用になるとそれほど単純ではない。ＥＳ細胞はそのままでは人ではないが、人になる可能性をもっている。また、ＥＳ細胞を胚盤胞の内部細胞塊に注入して発生させれば、生まれてくる赤ちゃんはもともとの受精卵の遺伝子と、ＥＳ細胞の遺伝子の両方をもったハイブリッドになる。これらをどう評価するか。

論者Ａは、可能性だけでＥＳ細胞を人とみなすわけにはいかない、と主張する。「可能性だけをとり上げるなら卵子や精子も人とみなさなければならなくなる。女性は卵巣に六〇万個もの卵子を用意して誕生する。しかし一生涯のうちで二～三人の子どもしか生まない。残りは捨てられてしまうではないか。男性にいたっては毎日一億個もの精子を生産するがほとんど全部捨てているではないか。卵子や精子を人とみなすのは困難である。ＥＳ細胞も卵子や精子と同じではないか。」

一方、論者Ｂは、ＥＳ細胞も人と同じように尊重されるべきである、として、つぎのように主張する。「ＥＳ細胞と卵子・精子とでは質的な違いがある。受精の瞬間から受精卵は固有の秩序立った継続的な発生運動を開始し、胚を形成して現実の人になる。ＥＳ細胞はその胚から分離した細胞であり、人を形成するすべての条件を満たしている。ＥＳ細胞が人の形をしていないからといってそれが人でないというのは単に知識と想像力の欠除を告白しているに過ぎない。」

二人の論者の意見は真っ向から対立している。中間の主張はいくらでもありうる。しかし今、ヒトＥＳ細胞をつくり出し、増殖させ、操作し、医療に使っていいかどうか、という問題が突き付けられているのだ。Ａの主張に立つなら可能だが、Ｂの主張では不可能である。ここに中間はない。

二〇〇一年に文部科学省から「ヒトＥＳ細胞の樹立及び使用に関する指針」が出された。この指針では、「人の生命の萌芽であるヒト胚を使用すること、ヒトＥＳ細胞がすべての細胞に分化する可能性のあること等の生命倫理上の問題を有することにかんがみ、慎重な配慮が必要とされる」としながら、ヒトＥＳ細胞の樹立と使用を認めた。そして、ＥＳ細胞樹立のために必要な受精卵の入手にあたっての注意点や遵守すべき手続きなどを定めた。さらに、ヒトＥＳ細胞の使用は以下の基礎的研究に限って認められるとした。すなわち、ヒトの発生・分化および再生機能の解明、ならびに新しい診断法・予防法もしくは治療法の開発または医薬品等の開発、である。このように、国は、ヒト胚やヒトＥＳ細胞は人の萌芽であって人ではない、というＡの立場をとったことになる。

多くの人は、ヒトの胚を扱うことは慎重の上にも慎重でなければならず、研究は営利のためにあってはならないと考えている。私も、ヒト胚やヒトＥＳ細胞に関するすべての研究はガラス張りの中で行われ、研究に関するあらゆる特許を認めてはならない、と考える。しかし残念なことに各国の特許競争がすでに始まっている。韓国の研究者はクローン胚に関するニセ論文を発表して物議を醸した。このような状況の中ではむしろＢの立場を主張する方が事態をはっきりさせることになる。

しかし、さしあたり市民の監視が必要である。監視の目がゆるむと研究や開発の軌道はかならずと言っていいぐらい正道から外れていく。「ヒトＥＳ細胞研究を監視する市民倫理委員会」のようなＮＰＯの設立を提案したい。

第6章　血液型の秘密

　私の周りでは血液型占いに凝っている人が結構いて、かならず人の血液型を聞いて、「あなたの性格はこうでしょ?」なんて言う。それに、人の行動を見ては「あの人の血液型はAだ」とか「B型だ」とか言う。私は血液型占いなど信じていないし、どうでもいいんだけど、友だちは、O型の人は情緒安定で社交的、A型の人は心配性で慎重派、B型はマイペースで気分屋、AB型の人はAとBの両方の性格で合理的なんて言ってる。周りの人から私は楽天的な合理主義者と見られているが、血液型はO型なので合ってない。血液型がどうして決まるのかがわかれば、血液型占いなんてインチキだ、ってことになるんじゃない。だいたい六五億もの人間をたった四通りに分けるなんて無理よ。

血液型と赤血球の糖鎖

われわれ人の血液一ミリリットルに含まれる赤血球の数は四五億個もあり、赤血球は血液の容積の四〇〜五〇パーセントを占めています。血液が赤い色をしているのは赤血球中のヘモグロビンの色が赤いからです。ヘモグロビンは酸素の運び屋で、われわれの体の組織のすみずみにまで酸素を供給する働きをしています。動脈血が明るい赤色をしているのは酸素と結合したヘモグロビンが豊富なためであり、一方、二酸化炭素と結合したヘモグロビンが多い静脈血は暗い赤色をしています。

骨髄には血球のもとになる幹細胞があって、それは二分裂しながら数を増やしています。赤血球は幹細胞から分化した細胞で、ヘモグロビンを大量に含む特殊な細胞です。われわれ哺乳類の赤血球は血球分化の途中で細胞核を失い無核になりますが、爬虫類や鳥類、魚類の赤血球には核があります。用済みの赤血球は肝臓や脾臓でこわされ、その寿命は約四カ月です。

ところで、細胞を取り囲む細胞膜は脂質とタンパク質からできていて、それらの成分は細胞の種類によって違います。しかも細胞によっては、細胞膜から糖鎖が生えている場合があります。糖鎖というのは糖の分子がいくつか鎖状につながったものをいいますが、赤血球細胞膜には特有の糖鎖がびっちり生えていて、この糖鎖の構造の違いが血液型を決めているのです。

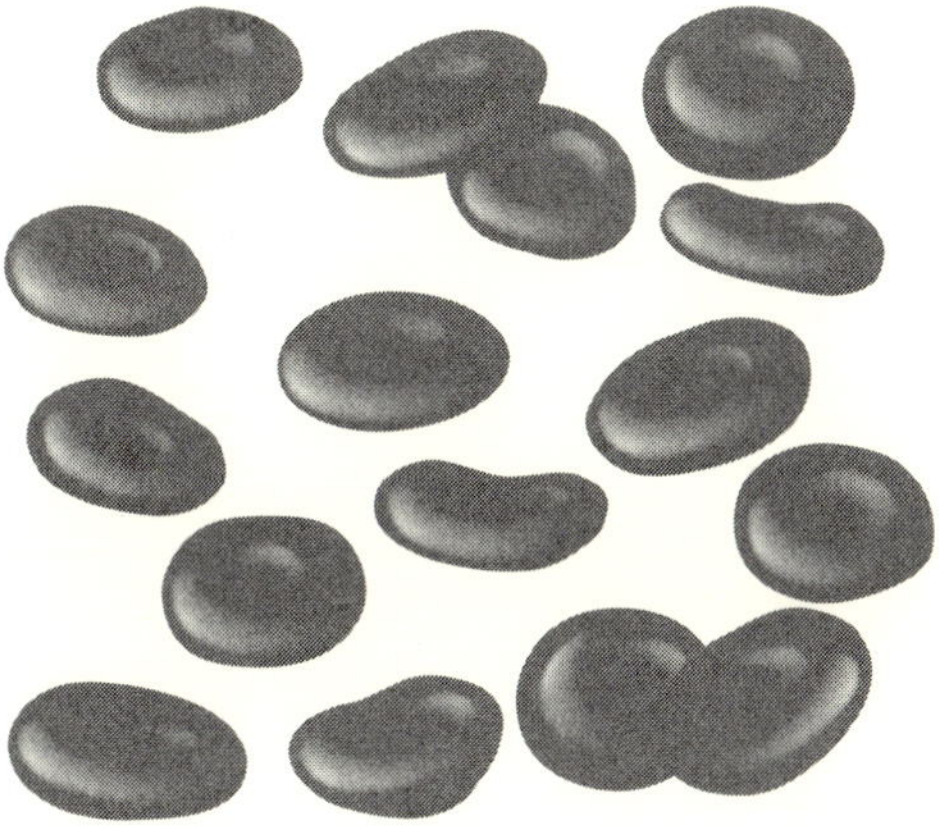

赤血球　ヒトの赤血球には核がないため真ん中がへこんでいる。

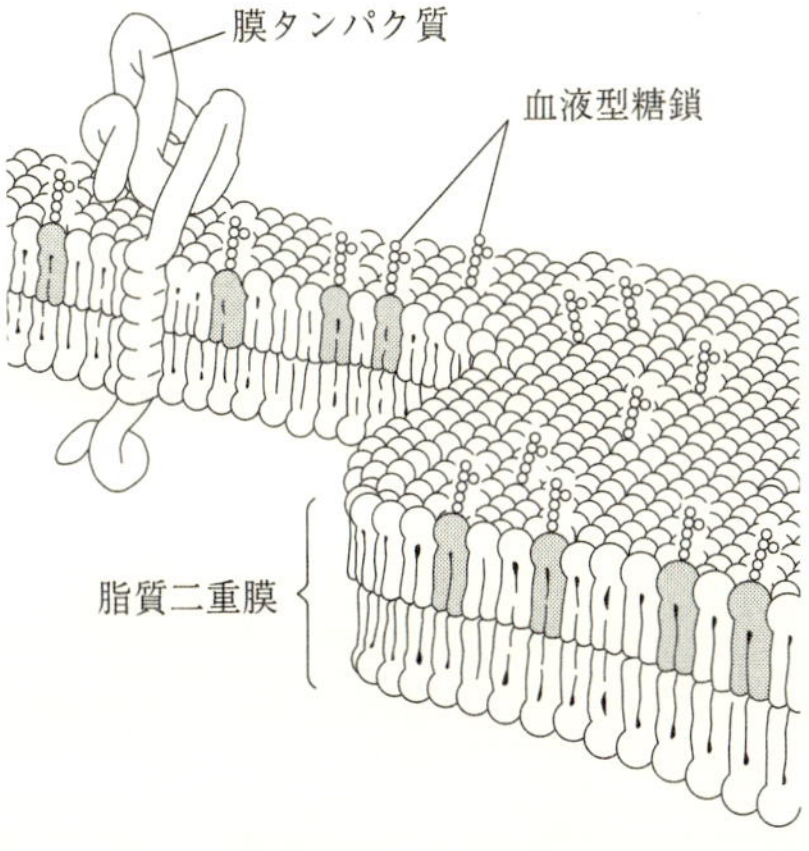

赤血球表面に生えている糖鎖とタンパク質　細胞の膜は脂質二重膜を基礎にしている。脂質（網をかけた部分）に糖類が結合している。

血液型っていうから、液体の血液に何か違いがあるのかと思っていたら、液性の成分じゃなくて赤血球の細胞膜の糖鎖の違いで決まるんだ。よく考えたら血液は赤血球だらけなんだし、なんとなく納得。

O型の赤血球の細胞膜に生えている糖鎖は、細胞膜を構成する脂質に五個の糖が結合したものです。その構造は、脂質ーグルコースーガラクトースーアセチルガラクトサミンーガラクトースーフコース、です。根元にある脂質が細胞膜に突き刺さった形で糖鎖が膜から生えているのです。

A型やB型の赤血球の糖鎖は、O型糖鎖にそれぞれ違った糖が一個余分についた構造をしています。O型糖鎖の末端部分にあるガラクトースにはフコースが結合していますが、A型糖鎖では、このガラクトースにフコースの他にさらにアセチルガラクトサミンも結合しています。B型糖鎖では、アセチルガラクトサミンのかわりにガラクトースが結合しています。

O型の人の赤血球にはO型糖鎖が生えているように、A型やB型の人の赤血球表面にはA型糖鎖かB型糖鎖がそれぞれ生えているわけです。AB型の人の赤血球にはA型糖鎖とB型糖鎖の両方が等量生えています。

ふーん、O型、A型、B型、AB型は赤血球の表面の糖鎖の違いだったんだ。それじゃ、糖

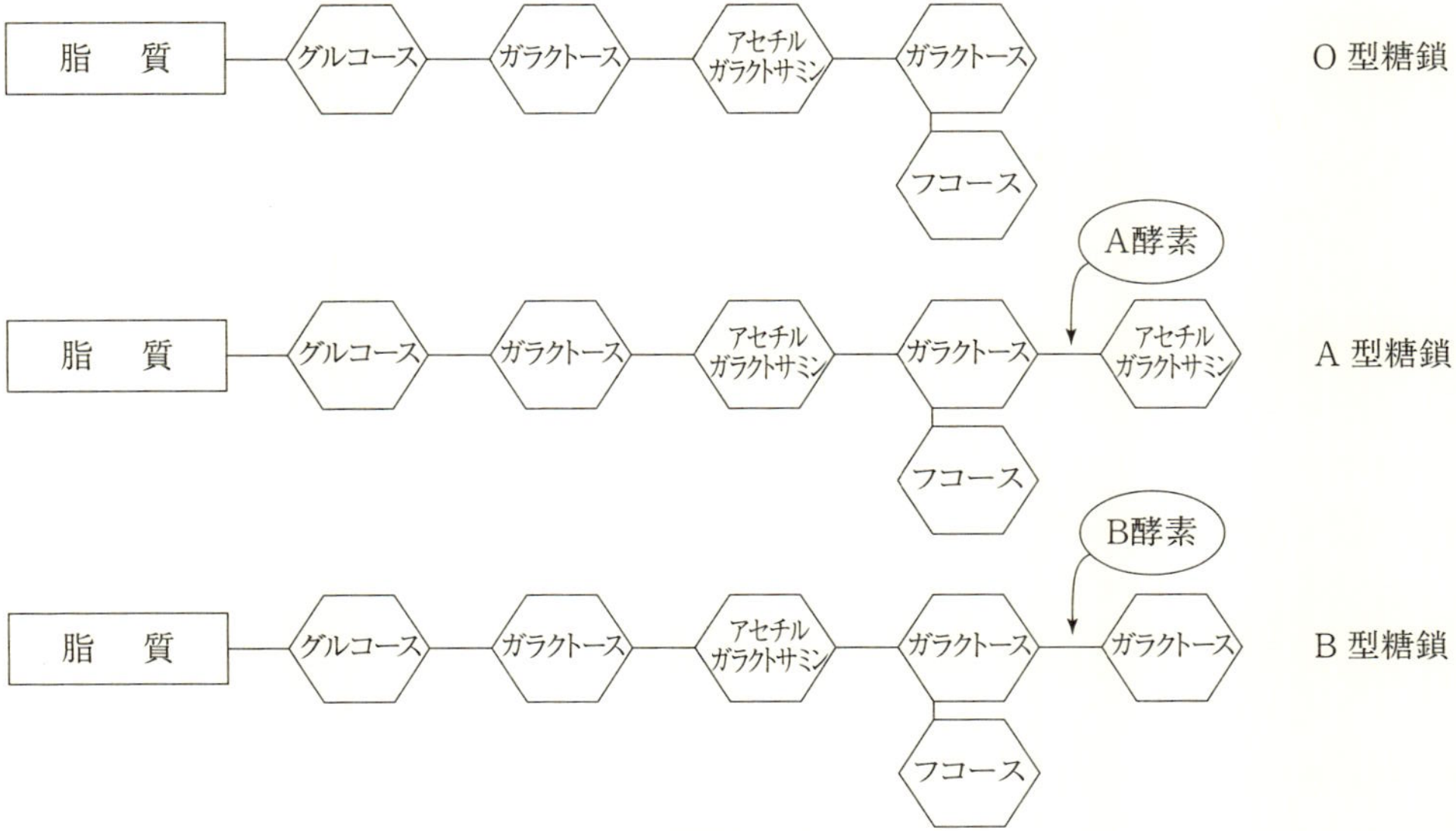
脂　質
グルコース
ガラクトース
アセチル
ガラクトサミン
ガラクトース
フコース
O 型糖鎖
A酵素
A 型糖鎖
B酵素
B 型糖鎖

血液型糖鎖の構造

鎖が性格を決めているの？　そんなに単純なもの？　やっぱり信じられないなぁ。

Ｏ型糖鎖の末端のガラクトースにさらに糖を結合させるためには特別な酵素である糖転移酵素が必要です。酵素というのは化学反応を能率よく起こさせる触媒で、化学的実体はタンパク質です。タンパク質は二〇種類のアミノ酸のつながったものであることを思い出してください。

ところで、Ｏ型糖鎖のガラクトースに糖を一個余分に結合させる酵素は、アミノ酸が三〇三個つながったタンパク質です。Ａ型の人はアセチルガラクトサミン転移酵素をもっていて、Ａ型糖鎖を合成します。一方、Ｂ型の人にはガラクトース転移酵素があってＢ型糖鎖が合成されます。ＡＢ型の人は両方の酵素をもちます。Ｏ型の人は糖転移酵素の活性のない変異タンパク質をもっています。

アセチルガラクトサミン転移酵素とガラクトース転移酵素はとてもよく似た酵素で、三〇三個のアミノ酸のうち、四個のアミノ酸が違うだけです。一方、Ｏ型の人の糖転移酵素に相当するタンパク質には酵素としての活性がありません。

なるほど。アセチルガラクトサミン転移酵素をもつとＡ型、ガラクトース転移酵素をもつとＢ型、両方あるとＡＢ型。そして私のようにＯ型だと活性のある糖転移酵素がないってことね。たった一個の酵素で、性格決められちゃうの？　それはないね。

酵素のおさらい

糖転移酵素が出てきたので、ここで酵素についておさらいしておきましょう。食事をしたとき、糖類を分解するのがだ液のアミラーゼで、タンパク質を分解するのが胃のペプシン、脂質を分解するのが腸のリパーゼ、とこれまで学校で習ってきたはずです。このアミラーゼ、ペプシン、リパーゼなどは酵素の仲間です。細胞の中ではさまざまな化学反応が起きていますが、一つ一つの反応にはそれぞれ固有の酵素が働いています。人の体の中には一〇万種類ほどの酵素があるといわれていますが、われわれが生きていくためにはこれだけの化学反応が起きなければならないということです。

繰り返しになりますが、酵素は生体の化学反応をつかさどるもので、タンパク質からできています。タンパク質はアミノ酸が一直線に三〇〇～四〇〇個連結したもので、アミノ酸には構造の少しずつ違う二〇種類があります。酵素タンパク質の違いは、それぞれ連結しているアミノ酸の数と配列が違うのです。

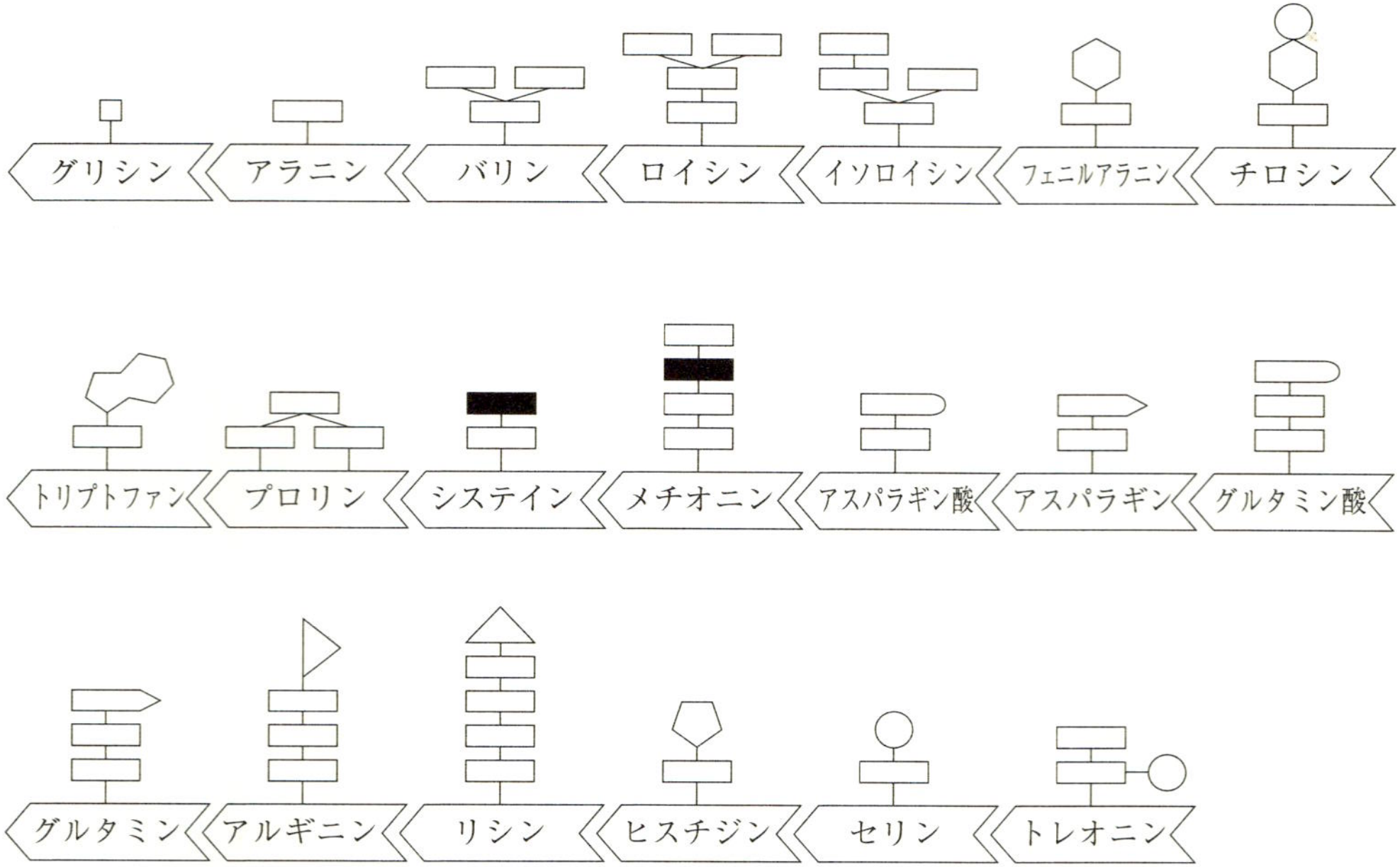

タンパク質を構成する20種類のアミノ酸 アミノ酸が結合している様子が描かれている。

血液型の遺伝

血液型が遺伝することはよく知られています。人には二二本×二の常染色体と二本の性染色体がありましたが、血液型遺伝子は常染色体の九番に存在しています。

O型の人の染色体上の遺伝子型は*OO*です。遺伝子はローマ字の大文字斜体で表す約束になっています。一方が母親由来、他方が父親由来であることを思い出してください。AB型の人の遺伝子型は*AB*です。しかし、A型の人の遺伝子型は、*AA*か*AO*のいずれかで、B型の人も*BB*か*BO*のどちらかです。*AO*の女性と*BO*の男性が結婚すると、生まれてくる子どもの血液型は、A、B、AB、Oのいずれかになります。*OO*の人同士が結婚した場合、O型以外の子どもは決して生まれません。

		卵子	
		A	*O*
精子	*B*	*AB*	*OB*
	O	*AO*	*OO*

血液型の遺伝　*AO*の女性と*BO*の男性が結婚して生まれる子どもの血液型決定遺伝子の型。

そうそう私はO型で、両親はA型とB型だわ。それで姉はAB型だから……。両親の遺伝子型は*AO*と*BO*ってことね。姉は*AB*、私は*OO*で、やっと、家族に全パターンのある理由がわかったわ。

ここで、これまでの話を整理してみましょう。A型の人はアセチルガラクトサミン転移酵素を、B型の人はガラクトース転移酵素を、AB型の人は両方の酵素を、そしてO型の人は活性のない変異した酵素をもっていました。血液型は親から子に遺伝します。そして、酵素が血液型を決めています。それなら、染色体に乗っている遺伝子が酵素を決めていることになります。A型遺伝子*A*はアセチルガラクトサミン転移酵素を、B型遺伝子*B*はガラクトース転移酵素を、O型遺伝子*O*は突然変異した不活性の糖転移酵素を決めています。つまり、遺伝子は酵素タンパク質の暗号になっているのです。

私はO型だから、遺伝子型は*OO*で、両親から来た二つの九番染色体にあるのは両方とも不活性型糖転移酵素の遺伝子、姉はAB型なので、アセチルガラクトサミン転移酵素とガラクトース転移酵素の両方の遺伝子をもっているのね。すごい！　だんだん遺伝のしくみが身近になってきたわ。

ＤＮＡと遺伝子の関係

そろそろ遺伝子とＤＮＡの関係を話す時がやってきたようです。前にも述べたように、遺伝子の乗っている染色体は細長い繊維であり、その構造はデオキシリボ核酸、つまりＤＮＡが染色体タンパク質に巻き付いたものでした。そしてそのＤＮＡに遺伝情報が含まれていました。ＤＮＡは、四種類のヌクレオチドを構成単位として、それらが鎖状につながった糸状の物質です。四種類のヌクレオチドは、アデニル酸、グアニル酸、チミジル酸、シチジル酸で、それぞれＡ、Ｇ、Ｔ、Ｃと略号で表記されることを思い出してください。

ＤＮＡは自然界に存在する物質の中でもきわめて特異な構造をしています。まず第一に、それは一本の鎖ではなく、二本の鎖が互いに対になって、ちょうど、らせん階段のような形になっています。一方の鎖のＡは他方の鎖のＴと対になり、ＧはＣと対合しています。Ａ・ＴとＧ・Ｃの組み合わせはしっかり決まっていて、ＡとＧ、ＴとＣが対になるようなことはありません。Ａ・ＴとＧ・ＣのペアがＤＮＡらせん階段の各ステップになっているのです。

ＤＮＡの特異な構造の第二は、その長さです。ＤＮＡ二重らせん階段のステップ数は何百万、何千万、あるいは何億になることもあります。Ｘ染色体のＤＮＡには一億六〇〇〇万のステップがあり、小さい部類のY染色体のDNAでも五九〇〇万もあります。一番長い第一染色体のDNAは二億六〇〇〇万で、人の染色体は全部で三二億のステップの二重らせんDNAです。

遺伝子には二つの重要な性質があります。まず第一に、親は自分の遺伝子をそっくり子に引き渡さなければならないので、遺伝子は複製される必要があります。第二に、先に述べたように、遺伝子にはタンパク質の情報がなければなりません。

なるほど、遺伝子イコールDNAだから、DNAには複製する性質とタンパク質を暗号化する性質の二つをもってるわけね。それにしても三二億って気が遠くなるくらいの数ね。しかもそんなDNAが細胞一個ずつにつめこまれているなんて驚きだわ。

DNAの構造は複製にぴったりです。A・TとG・Cのペアになっている二重らせんが、まず、一本一本に分離します。それからそれぞれの鎖の上で、遊離のヌクレオチドが引き寄せられて、AとT、GとCが対合し、二組のDNA二重らせんが形成されます。できたDNA二重らせんはもとのDNAとまったく同じです。つまり寸分違わぬDNAが複製されることになります。

それでは、次に、DNAがどのようにしてタンパク質の情報を担っているのかについて説明しましょう。タンパク質はアミノ酸が直線状に結合したものでした。DNAもヌクレオチドが直線状につながっています。ここで、A、T、G、Cのヌクレオチドの配列が二〇種類あるアミノ酸の配列の暗号になっていればよいことになります。しかし、ヌクレオチドは四種類であるのにたいして、アミノ酸は二〇種類もあります。

もし、一個のヌクレオチドが一個のアミノ酸の暗号になっているとすると、四個のアミノ酸しか決められません。そこでもし、二個のヌクレオチドの並びが一個のアミノ酸の暗号になるとしたらどうでしょう。二個のヌクレオチドの並べ方は、四×四＝一六通りなので、これだけの暗号が可能になります。しかし、これでは二〇種のアミノ酸の暗号になるのには数が足りません。

それでは、三個のヌクレオチドの並びが一個のアミノ酸の暗号になる場合はどうでしょうか。三個のヌクレオチドの並べ方は、四×四×四＝六四通りですから、アミノ酸の二〇種の暗号としては十分な資格があることになります。実際、三個のヌクレオチドの並びが一種類のアミノ酸の暗号になっています。

タンパク質の合成

タンパク質の多くは三〇〇～四〇〇個のアミノ酸が重合したものです。一個のアミノ酸が三個のヌクレオチドの並びに相当するので、一個のタンパク質を暗号化するためには少なくとも九〇〇～一二〇〇個のヌクレオチドの配列が必要になります。

DNAは何百万、何千万、何億ものヌクレオチドが対になった長い長い線状の繊維分子です。このことはDNAのほんの一部の領域だけがタンパク質の暗号になっていることを意味しています。細胞の生産するタンパク質が一〇万種類あるとすると、DNAの長さは一二〇〇ヌクレオチド×一〇万＝一億二〇〇〇万ヌクレオチド必要ということになります。

DNAにあるタンパク質の暗号はどのようにして読みとられて、実際のタンパク質になるのでしょうか。DNAは染色体の構成成分で、核の中に納まっていて、細胞質には出てきません。一方、タンパク質は細胞質で合成されます。このことは、DNAの情報を細胞質に伝えるものが存在することを意味しています。その役目を担っているのがリボ核酸のRNA（Ribonucleic acid）です。

RNAの構造はDNAとそっくりで、やはり四種類のヌクレオチドが鎖状に連結しています。RNAとDNAのヌクレオチドの構造にはほんの少しの違いがあるだけです。両方のヌクレオチドの構造は、リン酸‐糖‐塩基ですが、DNAでは、その糖がデオキシリボースであるのに対して、RNAの糖はリボースで、酸素原子を一個余分にもっています。また、DNAとRNAとで塩基にわずかな違いがあり、DNAのチミジル酸（T）がRNAではウリジル酸（U）になっています。しかし、チミジル酸（T）は、別名5‐メチルウリジル酸とよばれるように、ウリジル酸に小さなメチル基がついた構造になっています。このようにウリジル酸はチミジル酸とそっくりでA・Tと同じようにA・Uのペアができます。しかしながら、DNAとRNAには重要な違いがあります。それはRNAは二重鎖ではなく一本の鎖で、しかも長さが短いことです。RNAはせいぜい数百〜数

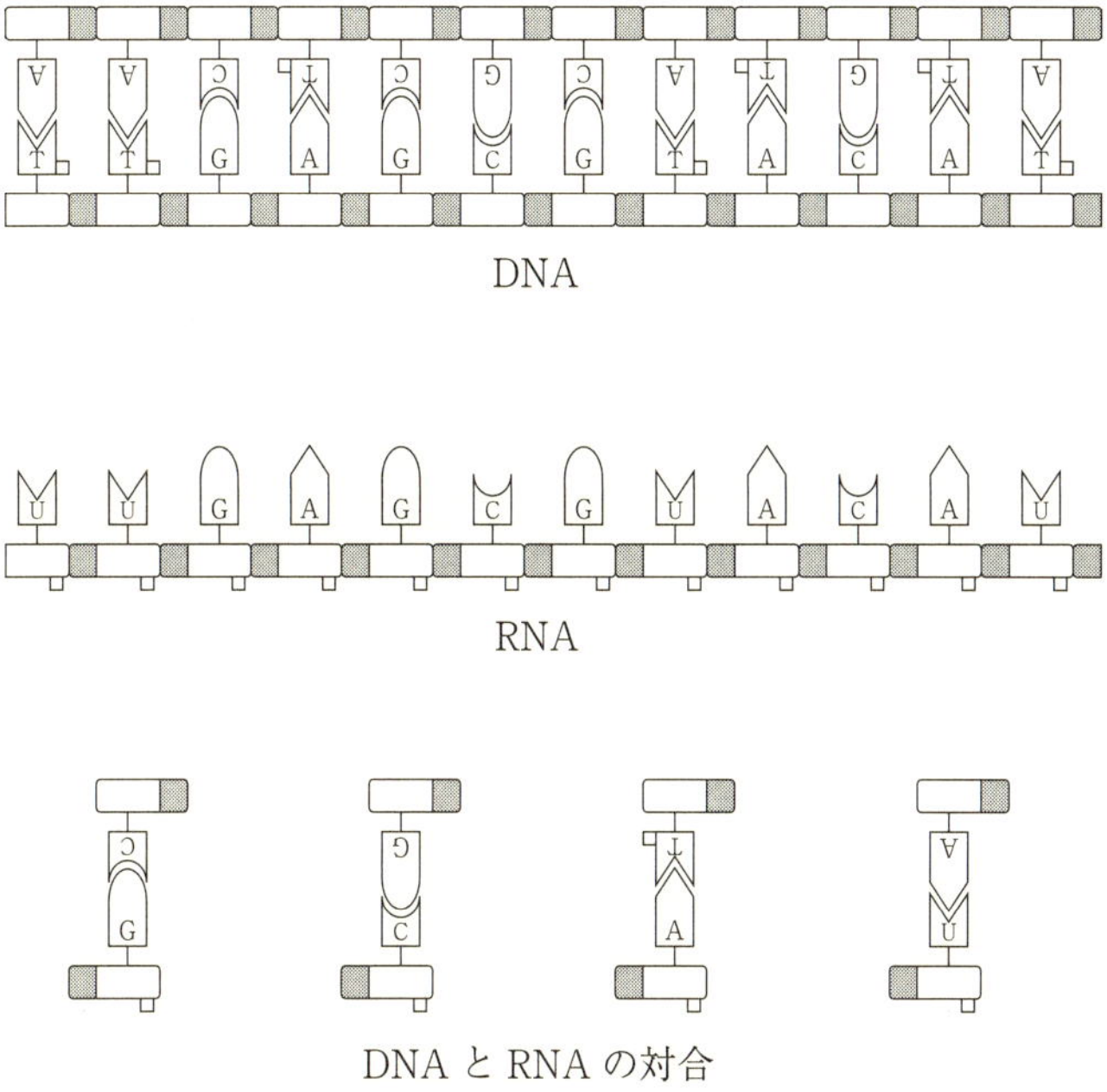

DNA と RNA の構造　DNA と RNA が対合することに注目。

千ヌクレオチドの一本鎖です。

　ヌクレオチドの対合では、ＲＮＡのＵはＤＮＡのＴと同じようにふるまいます。ＤＮＡのヌクレオチド配列を鋳型にして、それと対合するＲＮＡが合成されます。このようにして、ＤＮＡの一部分だけをＲＮＡに転写することができます。核の中で、まず、染色体の二重鎖ＤＮＡ中のタンパク質暗号領域が短い一本鎖ＲＮＡに転写され、次に、そのＲＮＡが核の穴を通り抜けて細胞質に運びこまれます。そして最後に、細胞質でＲＮＡのヌクレオチド配列がタンパク質のアミノ酸配列に翻訳されるのです。ここで合成されるＲＮＡは、タンパク質の情報を伝達するという意味でメッセンジャーRNAと呼ばれています。このように、DNA→RNA→タンパク質の順に遺伝情報が転換されるのです。

だんだん話が複雑になってきたわ。でも、DNA→RNA→タンパク質、という図式はシンプルね。暗号文の一部をコピーして、必要なところだけつくるってことか。でも、二〇種類のアミノ酸に対して六四通りの暗号があるなんて、余分なんじゃないかしら。

三つ組の遺伝暗号

先に、DNAの三個のヌクレオチドの並びが一個のアミノ酸の暗号になっていると述べました。DNAのヌクレオチドの配列はRNAのヌクレオチドの配列に転写されて、それがタンパク質に翻訳されるのですから、RNAの三個のヌクレオチドの並びも一個のアミノ酸の暗号になっているはずです。六四通りあるRNAの三個のヌクレオチドの並びのそれぞれがどのアミノ酸の暗号になっているかについては、実験的に決定されました。六四個の暗号のうち、三個はいずれのアミノ酸にも相当せず、翻訳の停止の暗号になっていました。それ以外の六一個はいずれかのアミノ酸の暗号になっています。この研究は遺伝暗号解読といわれ、二〇世紀生物学の最大の業績で、現代生物学の基礎になっています。

停止の暗号は複数あるのね。それじゃ、アミノ酸の暗号が六一個で、アミノ酸は二〇種類だから、一種のアミノ酸に対して複数の暗号があるって考えていいのかしら。

六四通りあるRNAの三つのヌクレオチドの配列が、それぞれどのアミノ酸の暗号になっているかをまとめたものが遺伝暗号表です。一個のアミノ酸は一～六個の三つ組暗号をもちます。ロイシン、アルギニン、セリンはそれぞれ六個も暗号をもち、一方、メチオニンやトリプトファンは一個です。その他のアミノ酸は二～四個の三つ組暗号をもちます。アミノ酸の暗号になっていない三つ組はUGA、UAG、UAAの三個です。これらはタンパク質合成の停止信号になっています。

現在の地球には三〇〇〇万種にのぼる生物種が存在していると考えられていますが、これらの生物の遺伝暗号はすべて同じであると推測されています。今いる生物のすべては四〇億年前に地球上に出現したただ一種の生物の末裔であると信じられていますが、そうすると、四〇億年前の始原生物の遺伝暗号表も現在の生物のものと同じであるということになります。四〇億年間、遺伝暗号表がまったく変わらなかったという推論は驚くべきことです。そしてさらに驚くべきことは、地球誕生が四五・五億年前であるのに対して、四〇億年前にはもうすでに現在と同じ遺伝暗号表をもつ生物が出現していたと考えられることです。

遺伝暗号表

UUU	フェニルアラニン	UCU	セリン	UAU	チロシン	UGU	システイン
UUC	フェニルアラニン	UCC	セリン	UAC	チロシン	UGC	システイン
UUA	ロイシン	UCA	セリン	UAA	停止	UGA	停止
UUG	ロイシン	UCG	セリン	UAG	停止	UGG	トリプトファン
CUU	ロイシン	CCU	プロリン	CAU	ヒスチジン	CGU	アルギニン
CUC	ロイシン	CCC	プロリン	CAC	ヒスチジン	CGC	アルギニン
CUA	ロイシン	CCA	プロリン	CAA	グルタミン	CGA	アルギニン
CUG	ロイシン	CCG	プロリン	CAG	グルタミン	CGG	アルギニン
AUU	イソロイシン	ACU	トレオニン	AAU	アスパラギン	AGU	セリン
AUC	イソロイシン	ACC	トレオニン	AAC	アスパラギン	AGC	セリン
AUA	イソロイシン	ACA	トレオニン	AAA	リシン	AGA	アルギニン
AUG	メチオニン	ACG	トレオニン	AAG	リシン	AGG	アルギニン
GUU	バリン	GCU	アラニン	GAU	アスパラギン酸	GGU	グリシン
GUC	バリン	GCC	アラニン	GAC	アスパラギン酸	GGC	グリシン
GUA	バリン	GCA	アラニン	GAA	グルタミン酸	GGA	グリシン
GUG	バリン	GCG	アラニン	GAG	グルタミン酸	GGG	グリシン

さて、今回のレポートのテーマは、血液型が本当に人の性格を決めているのだろうか、ということにしましょう。

〔私のレポート〕血液型で性格が決まるか

そもそも血液型が性格を決めるという考えはどこからやってきたのだろうか。人の気質を体液に結びつける考え方は中世ヨーロッパに見られる。それによると、人には粘液、血液、黒胆汁、黄胆汁の四つの体液があり、気質はこれらの体液量のバランスによって決まるというのである。たとえば、粘液が多い人は無関心な気質で、血液が多ければ楽天的、黒胆汁が多ければ憂鬱タイプ、黄胆汁の多い人は興奮しやすい、というぐあいである。これらの体液説はもともと古代ギリシャのアリストテレスの四元素説に由来している。その説では、世界は水と火と土と空気の四元素からできているという。それらがそれぞれ粘液、血液、黒胆汁、黄胆汁に割り振られたのである。

ヨーロッパ型の体液説は今から見ればばかばかしい。それなのになぜ血液型占いがはやるのだろう。まず第一に、血液型についての正しい知識が欠如していることである。今日の授業にあったように、血液型が赤血球の細胞膜に生えている糖鎖の違いで決まる、ということを知っていれば、赤血球の糖鎖が性格を決めるなどと思うはずがない。第二の理由は、テレビ・雑誌・会話などで、年がら年中、血液型占いや星占いなどが話題になっていると、何となくそれが本当らしく思えてしまう、ということであろう。無知がデマにさらされるとひとたまりもない。

糖転移酵素の遺伝子が血液型を決定しているように、人の性格は遺伝子によって決定されている、という考えがある。人の存在は結局は両親から受け継いだ遺伝子によるのだから、その人の性格も遺伝子によって決められているのではないだろうか。

フェニルケトン尿症という疾患が知られている。これはアミノ酸の一種、フェニルアラニンの代謝に関する酵素の遺伝子の変異によって起きる。この病気をもつ子どもは、血液中のフェニルアラニン濃度が高くなり、そのままにしておくと知能の発達が遅れてしまう。このアミノ酸が脳の神経伝達機構を狂わせてしまうのだろうが、本当のところはまだよくわかっていない。フェニルケトン尿症による精神発達遅滞の結果現れた「性格」は、明らかに遺伝子の変異によってもたらされたものである。しかしながら、精神遅滞を含めこの病気の発症は、フェニルアラニンを除いた食事を与えることで防ぐことができる。

ダウン症の人たちにも知能発達の遅滞が見られる。前の授業にもあったように、この病気は、二一番染色体の不分離によりこの染色体を三本もったまま発生したために起きる。しかし、二一番染色体にある遺伝子に変異があるわけではない。おそらく遺伝子の発現の調節に不具合が起きるのだろうが、発症の機構はまだわかっていない。ダウン症は生まれつきではあるが、遺伝子によって決まる、といった単純な話ではない。

老人で発症するアルツハイマー病がある。記憶力や知能が低下し、感情が鈍くなり、欲望の自制が困難になり、被害妄想に取りつかれるなど、その人の性格が変化する。原因についていろいろ研究されているが、脳神経細胞における不溶性タンパク質の蓄積と関連することが確かめられている。しかし明らかに、生まれつきの遺伝子が原因で不溶性タンパク質が蓄積するわけではない。

一つの遺伝子の変異によって起きる病気はそれほど多くない。血友病や赤緑色盲、デュシェンヌ型筋ジストロフィーなどの病気を引き起こす遺伝子は特定されている。しかし、癌とか心臓病など重要な疾患についてどのような遺伝子がどう関係しているか、その全貌は未だ明らかになっていない。ゲノム解析の最大の課題である。

あれこれの病気に比べても性格はもっと複雑だろう。重大な病気と遺伝子との関係が解明されていない現状で、性格と遺伝子の関係を問うことは難しいのではないか。

性格が脳の機能に密接に関係していることは確かだ。脳の機能を分子のレベルで解析する研究はようやく始まったが、複雑きわまりない神経作用を理解するには長い時間がかかるだろう。今あわてて、性格が遺伝子で決まるとか、脳で決まるとかいってみても、何ら内容のない絵空事でしかない。だいたい性格と遺伝子が古典物理学のような単純な因果関係になっているという保証はまったくない。性格が遺伝子によって決められるというような考えに煩わされるのは愚の骨頂というものだ。ましてや弱者の差別のためにこんな考えが使われるとしたら、とんでもないことだ。

第7章　異物を排除する免疫

私は小さいときに水ぼうそうにかかって体中に水疱（すいほう）ができた。治ったと思って保育園に行ったら、他の子にうつしてしまったって母が言ってたっけ。水ぼうそうは一度かかると二度かからない。免疫になってるはず。二歳の時に、はしか（麻疹（ましん））ワクチンを、四歳の時に風疹（ふうしん）ワクチンを接種したので、はしかや風疹にも免疫になっている。でも、免疫って何かしら。今回の授業は免疫の話だから、この謎が解けるかも。

免疫のしくみ

免疫は読んで字のごとく病気・疫病から免れる、という意味です。この英語は immunity ですが、それはラテン語の自由を意味する *immunis* に由来します。病気から自由になるというわけです。

われわれが普段病気にならないで元気に暮らしていけるのは、生まれつき体に備わっている免疫機能のおかげです。もしこれが何らかの都合でだめになったら、おそらくすぐに肺炎などの病気にかかって大変なことになるでしょう。

生まれつき免疫機能に遺伝的欠陥をもつ免疫不全の人がいます。そのような人は普通に学校に通うことができません。目には見えないいろいろな病原微生物が、われわれの周りにうようよいるからです。普通の人は、それらが体についても、吸い込んでも別に何ごともおきません。ところが、免疫不全の人がそのような微生物を吸い込むと、たちまち肺で増えてしまい、重い肺炎になってしまいます。体の免疫がいかに大切な働きをしているかよくわかります。

ふーん、私が普段平気に暮らしていけるのは免疫のおかげっていうわけね。でもどうして免疫ができるのかしら。最近、いろんな病気が増えているし、免疫について知っておくべきね。

毎年冬になるとインフルエンザがはやります。これにかかるとくしゃみ、鼻水が出て、喉がイガイガした感じになり、体がだるくなって熱が出てきます。ひどいときは節々が痛み筋肉痛が出ます。インフルエンザは感染力が強く、周りの人にうつしやすい病気です。

インフルエンザの原因はインフルエンザウイルスの感染です。インフルエンザにかかっている人のくしゃみには大量のウイルスがいて、それが鼻や喉の粘膜につくと、細胞に侵入して増殖を開始し、およそ二日ぐらいで症状が出てきます。しかし、何ごともなければ一週間もすればウイルスは駆逐され、症状も治まってきます。ところがもし、免疫力がなかったり、弱まったりしていると、インフルエンザウイルスは激しく増殖し、脳炎を起こして、命にかかわる危険にさらされます。

ウイルスのような病原体に対抗するしくみが免疫機構です。人の体には二段構えの免疫機構が存在しています。第一段は「自然免疫」で、第二段は「適応免疫」です。

インフルエンザウイルスに限らず一般に病原体が感染すると、まず第一段目の自然免疫が作動します。ウイルス感染に対する自然免疫の代表にインターフェロンがあります。ウイルスが細胞に感染すると、その刺激を受けて細胞はインターフェロンというタンパク質を生産します。生産されたインターフェロンが周りの細胞に作用すると、それらの細胞はウイルス増殖に対して抵抗性をもつようになります。このように第一関門の自然免疫はインターフェロンを使って、ウイルスが多くの細胞に広がらないようにくい止めているのです。感染したウイルス量が少なければ、インターフェロンでウイルスの広がりを阻止することができます。しかし、多量のウイルスを吸い込んでしまった場合にはそう簡単ではありません。自然免疫だけでウイルスを完全に駆逐することはできません。そこで、侵入した病原体だけをターゲットにする適応免疫の出番となります。適応免疫はリンパ球という特別な細胞によってその機能が担われています。

リンパ球が担う適応免疫

適応免疫を担っているリンパ球は、まず、骨髄でつくられます。その一部はさらに胸腺に移動して成熟します。それから血液やリンパに乗って、末梢のリンパ組織であるリンパ節や脾臓などに送られます。このようして、体内へのウイルスや細菌などの病原体の侵入に備えているのです。風邪をひくとリンパ節が腫れることがよくありますが、そこで病原体をトラップして全身に広がるのを防いでいるのです。ちなみにリンパという言葉は水を意味するラテン語の *lympha* に由来します。血液以外の組織液を指しているわけです。

自然免疫の防御から免れた病原体は、近くにあるリンパ組織の中のリンパ球を刺激し、それによって適応免疫機構が発動されます。自然免疫と適応免疫は密接に連携していて、後者が有効に働くためには前者の機能が必要です。

そういえば、血球には赤血球と白血球があって、リンパ球は白血球の一つと習ったことがあるわ。白血球はばい菌とたたかってやっつけてくれるって聞いて、子どもながら感心したのを覚えているわ。

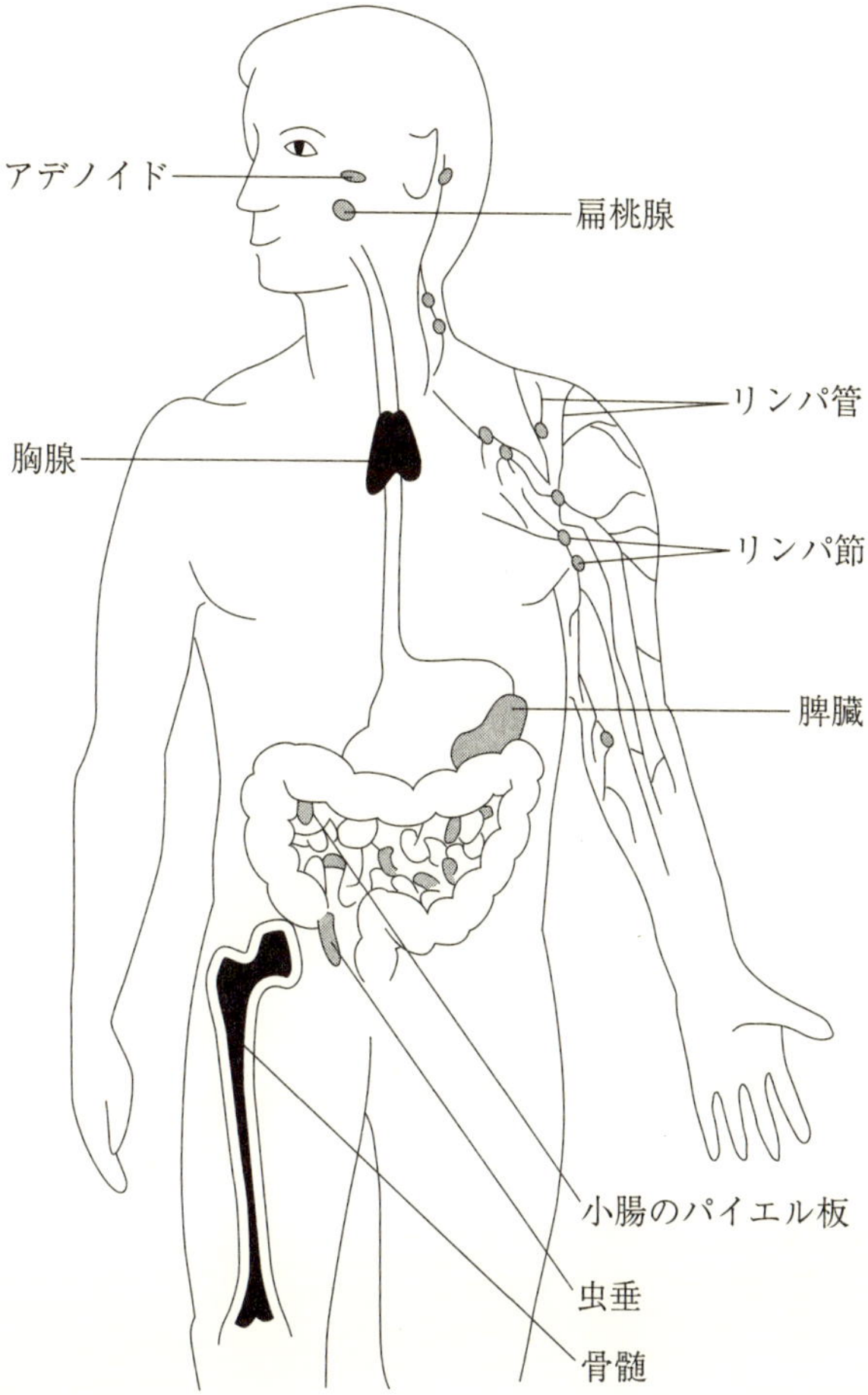

人のリンパ組織　リンパ球は、一次リンパ組織である胸腺と骨髄（黒い部分）で発生する。その後、末梢の二次リンパ組織（網をかけた部分）に移動する。

免疫学では、病原体など外来性の物質を抗原とよんでいます。われわれの体には六〇兆個もの細胞がありますが、それらの細胞はさまざまな分子からできています。自分の体をつくり上げている分子以外のものはすべて抗原になります。また、他人の細胞も抗原になります。細菌やウイルスのような病原体だけでなく、ダニや花粉のようなものも抗原になります。ダニや花粉はアレルギーの原因ですが、アレルギーと免疫の関係については後ほどふれることにしましょう。

リンパ球の重要な役目の一つは、抗原とぴったり結合する抗体タンパク質の生産です。ところで、自分自身でないものは全部抗原なので、身の回りにはそれぞれ違った性質の無数の抗原があることになり、それらを見分ける抗体の種類も無数にあることになります。そのようなことははたして可能なのでしょうか。

免疫機構は実に精巧にできています。このしくみの役割は、無数ともいえる多種多様な抗原分子を見分けてそれらと結合する抗体分子を作り出すことです。適応免疫の基本は、「一種類のリンパ球は一種類の抗体しか生産しない」ということです。このことは、無数の種類の抗原に応じるため、多種多様なリンパ球が、生まれつきリンパ系組織に用意されていることを意味しています。人はリンパ球を少なくとも一兆個もっていますが、それらは一個一個違う抗体タンパク質をつくることができるのです。

そうそう、遺伝子はタンパク質の暗号なのね。でも今の説明だと、一兆個のリンパ球がそれぞれ違った抗体タンパク質の遺伝子をもっているってことよね。そんなこと、どうやってできるのかしら。

リンパ球は、われわれが母の胎内で発生する途中でできてきます。受精卵には抗体遺伝子のもとになる遺伝子があり、そこから一兆個にもおよぶ、少しずつ違った抗体遺伝子をもつリンパ球が分化するのです。

わかりやすく説明するために、今、抗体遺伝子がＡ、Ｂ、Ｃ、Ｄの四つの領域から構成されているとしましょう。これからできてくる抗体タンパク質は、遺伝子から翻訳されたＡ―Ｂ―Ｃ―Ｄの構造をもつとします。この構造に一兆もの違いが可能であるということを、これから説明します。

受精卵にある抗体遺伝子のもとになるＤＮＡ配列領域の中にＡ、Ｂ、Ｃ、Ｄのグループがあって、それぞれのグループは、ヌクレオチド配列の少しずつ違う一〇〇の領域から構成されると考えてください。つまり、Ａ１、Ａ２、Ａ３、……Ａ１００からなるＡグループ。Ｂ１、Ｂ２、……Ｂ１００のＢグループ。Ｃ１、Ｃ２、……Ｃ１００のＣグループ。そしてＤ１、Ｄ２、……Ｄ１００のＤグループ、というわけです。リンパ球の抗体遺伝子は、胎児の発生の途上で、それぞれのグループからある領域を一つずつ取り出して組み合わせることでつくられます。たとえば、あるリンパ球ではＡ１―Ｂ２―Ｃ３―Ｄ４で、別のリンパ球ではＡ９―Ｂ８―Ｃ７―Ｄ６といったぐあいです。このような組合せは100^4、つまり10^8通りになります。そして、発生途上で、さらにそれぞれの領域に平均一〇個の変異が入るとすると、$10^4×10^8=10^{12}$、すなわち一兆もの違った遺伝子が用意される計算になります。受精卵から胚が発生してリンパ球ができるときに、実際にこのようなＤＮＡ遺伝子領域の組み合わせがおきて多様な抗体遺伝子ができあがるのです。

えっ？　以前の授業では、体細胞の核からクローン動物が生まれるって習ったけど、これでは同じ体細胞でもリンパ球の核からはクローンはできないということになるわ。今の話だとリンパ球の抗体遺伝子はもとの受精卵の抗体遺伝子とは違うっていうことよね。難しくなってきたわ。でも、この複雑な組み合わせのおかげで私たちは守られているのね。

一兆にものぼる品揃えの中からは、どんな病原体にもぴったりの抗体がかならず見つかります。そのような抗体を生産するリンパ球に病原体が作用すると、そのリンパ球は増殖を開始して、病原体と結合する抗体を大量につくり始めるのです。

B細胞とT細胞

適応免疫を担うリンパ球にはB細胞とT細胞という役割の違う二種類の細胞が存在します。抗原の刺激によってさまざまな抗体分子を分泌生産するように分化したリンパ球がB細胞ですが、これは骨髄でつくられます。分泌された抗体は外来性の抗原と結合し、最終的に抗原は破壊されます。B細胞は「抗体免疫」を担当しているといわれます。

一方、T細胞は骨髄から胸腺に移動して成熟したものですが、このものは分泌性の抗体は生産せず、もっと別の働きをします。抗原の刺激を受けると、末梢リンパ組織の中のT細胞は、細胞障害性T細胞とヘルパーT細胞の二つに分化します。細胞障害性T細胞は抗原であるウイルスに感染した細胞、あるいは外来の細菌細胞を攻撃し、それらを破壊します。それゆえ、T細胞は「細胞性免疫」を担当しているといわれます。

このように適応免疫は、外来性の抗原に対して抗体免疫と細胞性免疫を誘導し、抗原を排除するのです。

リンパ組織中のT細胞から分化したヘルパーT細胞は、その名の通り抗体免疫と細胞性免疫の誘導調節において中心的役割を演じています。この細胞は適応免疫の中心人物です。

ヘルパーT細胞はさらにTh1細胞とTh2細胞といわれる細胞に分化します。このうちTh2細胞は、B細胞に働きかけてそれを抗体生産のできるプラズマ細胞にします。Th2細胞の助けがなければB細胞は抗体生産細胞になることができないのです。一方、Th1細胞は細胞障害性T細胞を助けて、それを本物の「殺し屋細胞」に仕立て上げます。こうして、感染細菌やウイルス感染細胞などが殺されるのです。

いま、インフルエンザウイルスの感染の場合を考えてみましょう。インフルエンザウイルスだけに結合するように特化したT細胞がこのウイルスに出会うと、T細胞は増殖を開始します。そしてそれらは細胞障害性T細胞とヘルパーT細胞に分化し、さらにヘルパーT細胞がTh1細胞とTh2細胞に分化します。Th1細胞は細胞障害性T細胞に働きかけてそれを活性化し、それによってインフルエンザウイルスに感染した細胞が攻撃を受けて、感染細胞ごとウイルスが破壊されます。

一方、インフルエンザウイルスは、T細胞だけでなく、やはりこのウイルスに特化したB細胞にも結合します。すると、そのB細胞もどんどん増殖し始めます。そしてこのB細胞は、先のTh2細胞の助けを借りて、インフルエンザウイルスと特異的に結合する抗体を生産するプラズマ細胞に変身します。このようにしてインフルエンザウイルスに対する抗体が生産され、ウイルスは抗体と結合して処理されてしまいます。

T細胞の細胞性免疫によるウイルス感染細胞の破壊、ならびにB細胞の抗体免疫によるウイルスの捕捉という二面作戦で、免疫機構はウイルスを体から排除するのです。

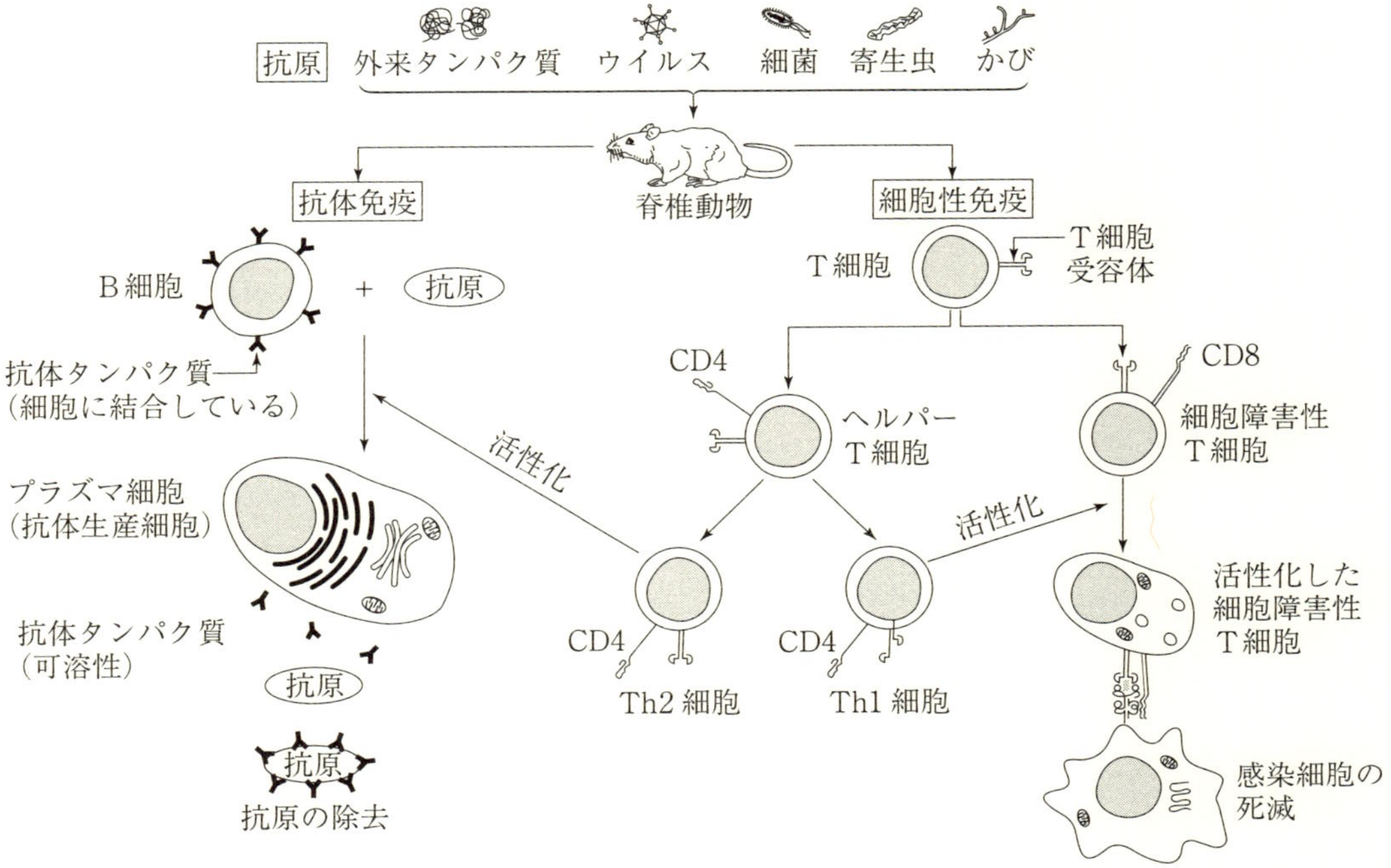

抗体免疫と細胞性免疫 CD4、CD8はそれぞれT細胞の表面に生えているタンパク質。

えーっと、Ｔ細胞が感染細胞を直接やっつけて、Ｂ細胞が抗体をつくってウイルスを排除するわけね。これらの働きをＴｈ１細胞とＴｈ２細胞が調節しているということか。なるほど、だんだんわかってきたわ。でも複雑ね。

病原体にはウイルスの他に細菌がいます。たとえば連鎖球菌という細菌が感染すると、猩紅熱や中耳炎を起こします。赤痢菌は赤痢の原因になります。このような細菌が感染すると、それに対するＴ細胞やＢ細胞が動員され、感染した細菌細胞の破壊と抗体による細菌の凝集によって、最終的に病原菌は駆逐されます。こうして病気が治るのです。

細菌感染症に対する特効薬として抗生物質があります。抗生物質は細菌の増殖を抑える作用があるため、細菌感染症の治療薬として抜群の効果を発揮します。ただし、ウイルスの増殖は抗生物質では抑えられないので注意が必要です。

ペニシリンを始めとするさまざまな抗生物質の登場によって細菌感染症は克服されたといわれました。しかしながら、抗生物質によって体から病原体が完全に駆逐されるわけではありません。病原体に最後のとどめをさすのはやはり免疫力です。免疫力が弱いと、いくら抗生物質を投与しても細菌感染症を治すことはできません。抗生物質の役目は、病原体の増殖を抑えることで抗原としての細菌の量を少なくすることにあります。老齢や病気などで免疫力が衰えると、病原体に感染しやすくなり、抗生物質も効かなくなります。

病院で抗生物質をもらって良くなったように思っていても、感染症を治すためには、結局は私の免疫力ががんばってるのね。へえ、私の体もやるじゃない。

ワクチンとは何か

子どものよくかかる伝染病に、はしか（麻疹）と風疹があります。はしかの原因である麻疹ウイルスの伝染性は非常に強く、まだかかったことのない人やワクチン接種をしていない人が患者の近くに行くと、ほとんど感染してしまいます。潜伏期は一〇～一二日で、発病の初期では、鼻水、くしゃみ、せきが出て発熱します。口の中に白い斑点が現れてから二～三日するとはしか特有の発疹がでてきます。このころ免疫による防御機能が効果を発揮し始め、三～四日で熱が下がり始め、症状が軽くなります。それから五～六日で治ります。はしかにかかると、時々肺炎や中耳炎を併発することがあるので注意が必要です。

一方、風疹ウイルスの潜伏期間は一四～二一日で、その後、発熱とともに発疹がでて、リンパ節が腫れたりします。T細胞やB細胞が活動している証拠です。普通、三日前後でよくなるので「三日はしか」ともいわれます。風疹は子どもの時にかかると比較的軽くすみますが、大人では症状が重くなることがあります。とくに妊婦が妊娠初期に感染すると、生まれる子どもに先天異常を含むさまざまな症状が出る危険性があります。それは、先天性風疹症候群といわれ、心臓病、難聴、白内障のような症状を伴います。子どもの時に風疹にかかったことも、ワクチン接種をしたこともない女性は、結婚前にはかならず予防接種を受けるべきです。

なるほどね。予防接種って大切なのね。それじゃ、私はもう、はしかや風疹のワクチンを打っているから安心していいのね。でもいろいろ副作用があるというのはどうなのかしら。

ワクチンとは、病原菌やウイルスを弱毒化したもの、あるいは殺したものをいいます。最近では、病原ウイルスの構成成分をワクチンにする場合もあります。ジフテリアや破傷風の生産する毒素タンパク質については、それらを無毒化してワクチンにします。ワクチンの語源はラテン語の牝牛を意味する *vacca* に由来します。牛痘ウイルスに感染した牝牛の乳房にできた痘瘡(とうそう)が人の天然痘のワクチンとして初めて使われたからです。

はしかや風疹のワクチンとしては、弱毒化したウイルスである生ワクチンが使用されています。これを皮下に接種すると、発病しないがそれに対する免疫反応がおき、特異的なT細胞やB細胞が増殖します。体の中にこれらの免疫担当細胞をあらかじめ用意するので、本物の病原体や毒素が侵入しても、強力な免疫反応が速やかに生じて病気にかからないですむというわけです。

ああ、そういうことだったのね。弱毒化といっても、もし私の免疫力が弱っていれば副作用が出てしまうかもしれないのね。

インフルエンザの場合は…

インフルエンザウイルスの流行は大きな社会問題です。それに加えて昨今は鳥インフルエンザが流行しています。普通、鳥のウイルスは人には感染しませんが、それでも高濃度にさらされると感染します。鳥インフルエンザが恐れられているのは、それが豚などの動物に感染し、その体内で増殖している間に変異が生じて、人にも感染するウイルスに変身する可能性があるからです。

インフルエンザワクチンは、残念ながら、風疹や麻疹ワクチンのようには効きません。インフルエンザウイルスは呼吸器の粘膜上皮に局所的に感染して症状を起こしますが、それに対して粘膜特有の免疫反応が駆動されます。現在インフルエンザウイルスのワクチンとしては、ウイルスをホルマリンで殺したもの、あるいは分離したウイルス構成成分が用いられています。しかし、これらのワクチンは粘膜の免疫反応を効果的に動かすことができないのです。また、感染から発症までの潜伏期間が約二日と短いため、たとえワクチン接種で免疫細胞が用意されても、ウイルス感染部位での免疫力を強化するのに数日はかかってしまいます。そのため、発症に間に合わないのです。有効な弱毒生ワクチンの開発が望まれるゆえんです。

しかしそれでも問題は解決しません。インフルエンザウイルスには変異性が高いという性質があります。そのために毎年流行するウイルスの型が変化してしまいます。流行ウイルスの型とワクチンの型が同じでないと効果がありません。変異予測の技術は進歩していますが、有効なワクチン開発にはなお時間がかかります。

高齢者がインフルエンザウイルスに感染すると、予後が悪く、肺炎を併発するなどの危険があります。しかし、残念なことに高齢者の免疫力は一般に低いため、現行のワクチンの免疫効果は期待できません。高齢者のインフルエンザ対策をワクチンだけに頼るのは大変危険です。

最近、インフルエンザウイルスの増殖を抑える抗インフルエンザ薬が開発されました。リレンザあるいはタミフルという商標名がついています。この薬はウイルスの表面タンパク質の機能を抑制することで増殖を止める効果があります。しかし、インフルエンザは感染後二日で症状がでるので、それまでに服用しなければ効きません。幸い早期診断が可能になったので、タイミングよく使うことができるようになりました。この薬でうまくウイルスの増殖を抑え込めれば、症状が出ないですむか、軽くてすみます。しかも、ウイルスに感染すれば免疫反応は十分に起きることから、同じ型のウイルスには二度と感染しません。この種の薬剤のさらなる開発が期待されています。

この間、ちょっと風邪気味なのでお医者さんに行ったら、喉の粘液を取られたの。それをプレートに入れ「インフルエンザ迅速診断キット」なるものを加えて一〇〜二〇分ほど経ったら、「はいあなたはインフルエンザですよ」といわれ、タミフルを処方してくれたっけ。あまり熱も出ずに治ったけど、あれはウイルスの増殖を止めたおかげなのね。

アレルギーは「過剰反応」

最後にアレルギーについて触れておきましょう。花粉症や気管支喘息などで悩んでいる人が結構います。アレルギーを起こすスギの花粉やダニの死骸などはアレルゲンとよばれています。アレルゲンも抗原の一種です。これらの物質を吸い込むと、それを排除する反応としてTｈ２細胞が増え、それによってＢ細胞が刺激されてアレルゲンに対する抗体が生産されます。このときちょっと変わったＥタイプの抗体ができます。このＥタイプ抗体は免疫担当細胞の一種である肥満細胞と結合します。そしてそこにアレルゲンがやってくると、肥満細胞はロイコトリエンとかヒスタミンのような因子を放出します。このような因子が鼻や喉、気管支に作用すると、花粉症や気管支喘息のような症状を引き起こすのです。

アレルギーはアレルゲンを排除するための過剰な免疫反応です。アレルギー体質の人はアレルゲンに触れるとＴｈ１細胞よりむしろＴｈ２細胞の方が増えやすいのです。アレルギーの人が多くなった理由として「衛生環境仮説」が提唱されています。この仮説によると、最近、衛生環境がよくなったため乳幼児期の感染症が減少し、それによってＴｈ１細胞の活性化が十分に起きないようになり、Ｔｈ２優位のまま子どもが成長してしまう、というのです。アレルゲンワクチンのようなものの開発が望まれます。

今回のレポート課題はインフルエンザウイルスについてです。このウイルスはどうして流行を繰り返すのか、それに焦点をあてて調べなさい。

〔私のレポート〕インフルエンザウイルス

インフルエンザウイルスの内部には遺伝子ＲＮＡとタンパク質があり、周りを脂質の膜が取り囲んでいる。膜にはヘマグルチニン（Hemagglutinin　ＨＡ、血球凝集素）とノイラミニダーゼ（Neuraminidase　ＮＡ）という二つのタンパク質が密に生えている。ＨＡタンパク質が宿主の細胞に接着すると、ウイルスは細胞内に取りこまれる。細胞内で増殖したウイルスはＮＡタンパク質の酵素作用で細胞外に飛び出してくる。ちなみに、授業で述べられたリレンザやタミフルはＮＡタンパク質の機能を阻害する薬である。

人に感染するインフルエンザウイルスとしてＡタイプとＢタイプがあるが、これは内部のタンパク質の構造の違いによる。Ｂタイプは人にだけ感染し、症状はＡタイプに比べて軽く、大きな流行をもたらさない。インフルエンザの流行で問題になるのはＡタイプウイルスである。

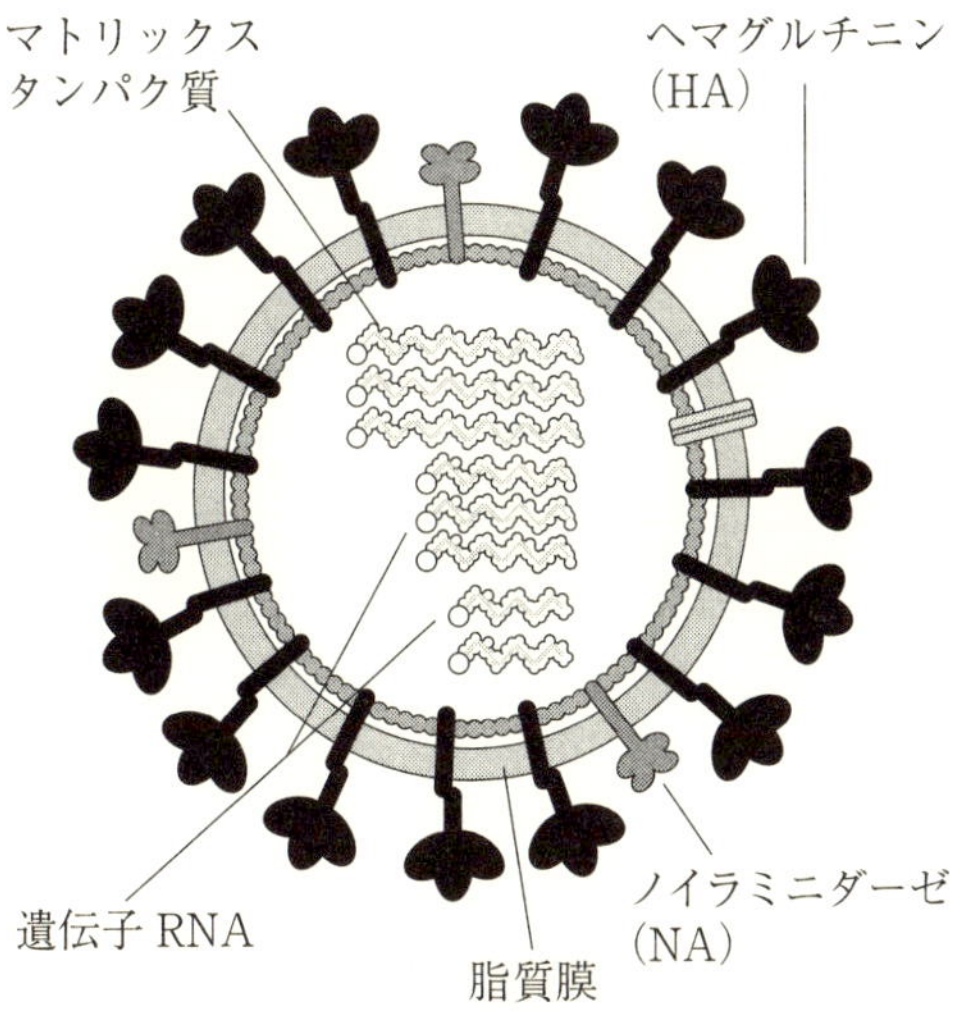

インフルエンザウイルスの模式図

Ａタイプウイルスは、表面のＨＡタンパク質とＮＡタンパク質の構造を変化させてつぎつぎと世界的な流行を繰り返してきた。一九一八年に始まったスペイン風邪は、世界中で五億人以上の感染者と四〇〇〇万人もの死亡者を出したと推定されている。このとき流行したＡタイプウイルスはＨ１Ｎ１型と命名された。Ｈ１とＮ１はそれぞれＨＡとＮＡタンパク質の構造を示している。

スペイン風邪から三九年後の一九五七年に、中国で突然、ＨＡとＮＡの構造の変化した新しいインフルエンザウイルスの流行が始まった。アジア風邪である。そのウイルスの型はＨ２Ｎ２と命名された。Ｈ２Ｎ２型ウイルスは一一年間流行を繰り返した後、一九六八年に、また、突然Ｈ３Ｎ２に変身して香港から流行が始まった。香港風邪といわれている。

一九七七年に始まったソ連（ロシア）風邪の流行は、Ｈ１Ｎ１型ウイルスであった。ウイルスの遺伝子解析の結果、このウイルスはスペイン風邪のものと同一であったことから、どこかの研究施設に保管されていたウイルスが洩れ出たと考えられている。不注意か陰謀か、いずれにしても真相を明らかにする必要がある。

現在流行しているインフルエンザウイルスはＨ１Ｎ２型である。これは香港風邪のＨ３Ｎ２とソ連風邪のＨ１Ｎ１のハイブリッド型である。ハイブリッド型がどうしてできたのか、そしてそもそも新型ウイルスはどのようにして出現するのか。

その鍵は、Ａタイプウイルスの宿主が人を含めた哺乳類や鳥類など自然界に広く分布していることにある。鳥インフルエンザウイルスが家畜の豚などに感染し、人に感染するウイルスに変身する。スペイン風邪、アジア風邪、香港風邪は、いずれももともとは鳥ウイルスから由来したと考えられている。Ｈ１Ｎ２のハイブリッド型はＨ１Ｎ１とＨ３Ｎ２に感染した豚の体内で出現したと推測されている。

現在ニワトリで流行しているＨ５Ｎ１強毒型やＨ５Ｎ２弱毒型鳥インフルエンザウイルスが問題なのは、養鶏上の問題と同時にこれらのウイルスが人に感染する新型に変身することである。そしてその可能性は十分ある、ということである。

第8章　エイズとセックス

今回はエイズの授業。エイズについてはこれまで何度か聞いたことがあるけど、本当のところはよくわからない。知ってるのは、アフリカには多くの患者がいるということくらい。中国の感染者も増加しているらしい。でも、いろいろいわれているわりには、正直いって私にも周りにも切迫感がないのよね。どうしてかなぁ。やっぱり、報告されている日本の患者数が少ないせいかしら。それとも私みたいにほんとの恐ろしさがわかっていないってことなのかな。でもそれではダメよね。いつ自分の身にふりかかってくるかわからないもの。しっかり聞いておかなくちゃ。

ウイルスとは何か

エイズはウイルスによって起きる病気です。そこでまず、ウイルスとは何かについて話しておきましょう。先の授業でも、インフルエンザウイルス、麻疹（ましん）ウイルス、風疹（ふうしん）ウイルス、天然痘ウイルスなど、いくつかのウイルスが登場しました。

生物は細胞を単位としています。われわれは六〇兆個の細胞からできている多細胞生物です。ところが、細菌はたった一個の細胞からできている単細胞生物です。細胞は、細胞膜に囲まれた内部に細胞質とＤＮＡをもっています。ＤＮＡに遺伝情報があり、細胞質でタンパク質が合成されます。また、細胞はエネルギーを生産します。細菌やわれわれの細胞は適当な培養液の中で増殖させることができます。

一方、ウイルスはといえば、どんな培養液でも彼らを増殖させることはできません。ウイルスの増殖には細胞が絶対必要なのです。そういう意味でウイルスは生物ではありません。そもそもウイルスにはタンパク質合成やエネルギー生産をする能力がありません。しかしながらウイルスは自分自身の遺伝子をもっています。

細菌のような単細胞生物からわれわれ人のような多細胞生物にいたるまで、それらの遺伝子はＤ

ＮＡです。ところが、ウイルスは遺伝子としてＤＮＡだけでなくＲＮＡも使っています。しかし、これら両方をもつウイルスは存在しません。ＤＮＡかＲＮＡかのいずれか一方だけです。たとえば、天然痘ウイルスはＤＮＡを遺伝子にしています。インフルエンザウイルス、麻疹ウイルス、風疹ウイルスなどの遺伝子はいずれもＲＮＡです。ＤＮＡもＲＮＡもほとんど同じ分子で、ＤＮＡを鋳型にしてメッセンジャーＲＮＡなどが合成されることはすでに述べました。ただし、ＤＮＡは二本鎖の長い繊維構造であるのに対して、ＲＮＡは一本鎖の短い繊維です。

ウイルスは細胞に感染して、細胞の代謝装置を乗っ取り、自分自身の遺伝情報にしたがって子孫をつくりあげます。ＲＮＡを遺伝子とするウイルスは、乗っ取った細胞の中で自身のＲＮＡをコピーして、タンパク質を合成したり、子孫ＲＮＡを複製したりすることができます。ウイルスは細胞を渡り歩く、動く遺伝子です。

今回話題のエイズの原因ウイルスであるＨＩＶはＲＮＡを遺伝子としますが、かなり変わった増殖の仕方をします。他のウイルスとは違う独特な性質をもっているのです。

うーん、ウイルスと細菌は時々こんがらかってしまうのよね。ウイルスが動く遺伝子という表現は面白い。寄生して増えるなんて、ずいぶん楽しているんだ。そういえば、抗生物質は細菌には効くけどウイルスには効かないのよね。

新しいウイルス、HIV

一九八一年六月、アメリカ国立防疫センターが男性同性愛者に免疫不全に由来するカリニ肺炎が発生した、と初めて報告しました。カリニというのは菌類の仲間で、通常はこれによる肺炎は滅多におきません。ところが、何らかの原因で免疫機能が破壊されて免疫不全になった患者では、カリニを排除することができず肺炎になってしまうのです。免疫不全に陥ると、さらに、カポジ肉腫といわれるヘルペスウイルスによる皮膚症状が頻発するようになります。そのほか、いろいろなウイルスに感染しやすくなり、発熱、下痢、痩せといった症状が現れます。このような患者が、アメリカの同性愛者と麻薬常習者の中に多数見つかったのです。

もともと遺伝的に生まれつき免疫機能に欠陥のある人が知られています。これは先天性免疫不全といわれます。しかし、上の同性愛者で報告された症例は、明らかに何らかの原因で後天的に免疫機能が破壊された結果であるため、後天性免疫不全症候群（Acquired immunodeficiency syndrome AIDS）とよばれるようになりました。いわゆるエイズです。当初、エイズの死亡率はきわめて高く、発症すると三年で七五パーセントが、四年で一〇〇パーセントが死亡しました。これはとても恐ろしい病気です。しかも一九八〇年までは報告されたことのない病気でした。それが突然、一九八一年に出現したのです。

アメリカの同性愛者や麻薬常習者のあいだでつぎつぎと広がっていったことから、ウイルスによる感染が疑われ、その原因ウイルスの追求が行われました。その結果、これまでに発見されていなかった新しい型のウイルスが同定されたのです。このウイルスがヒト免疫不全ウイルス（Human immunodeficiency virus　ＨＩＶ）です。

あれ、エイズは一九八一年に初めて報告されたというけど、それ以前にもＨＩＶというウイルスはいたんじゃないの。まさか突然に自然発生なんてしないだろうし……。それまでエイズが見つかっていなかったのはなぜなのかしら。

Ｔ細胞に潜み、破壊する

ＨＩＶは免疫機構を破壊します。このウイルスは何年にもわたってリンパ球のＴ細胞に潜み、そこでゆっくりと増殖し、ついにその細胞を破壊してしまいます。その結果、免疫反応が起きなくなり、免疫不全症候群のカリニ肺炎やカポジ肉腫などを発症し、数年以内に死亡してしまうのです。

ＨＩＶは通常のウイルスとは違った独得のやり方で増殖します。先に述べたように、このウイルスの遺伝子はＲＮＡです。ＨＩＶが細胞に感染すると、そのＲＮＡ遺伝子はいったんＤＮＡに変換されて、細胞の染色体ＤＮＡに組みこまれていきます。ＲＮＡの配列をＤＮＡに転換する酵素は逆転写酵素とよばれていて、その遺伝子はＨＩＶ・ＲＮＡにあります。細胞の染色体ＤＮＡに侵入したＨＩＶの遺伝情報は、細胞の転写機構を使って、つぎつぎとＨＩＶ・ＲＮＡに転換されます。このようにＨＩＶに感染した細胞は、ＨＩＶ生産細胞に変身させられてしまうのです。

普通、遺伝情報はＤＮＡ→ＲＮＡに転写されます。ところが、ＨＩＶの場合は逆にＲＮＡ→ＤＮＡに逆転写されるのです。「逆に」を表す英語の接頭語がretro-であるところから、ＨＩＶのようなウイルスはレトロウイルスといわれています。

レトロウイルスなんていうと、昔のウイルスが今に登場したような感じがするけれど、そのレトロじゃないのね。でも何年も潜伏されて、発症するまで気づかずに増殖の場を提供しちゃうってことでしょ。いやだなぁ。

ＨＩＶの最終の標的細胞はリンパ球のヘルパーＴ細胞です。感染者は血液の中にＨＩＶを含んだＴ細胞をもっています。それゆえ感染者の血液は大変危険です。アメリカで最初にエイズが見つかったのは、男性同性愛者と同時に麻薬中毒者でした。麻薬常習者は注射器を使って仲間内で麻薬の回し打ちをします。感染者の血液で汚染された注射針はもっとも危険です。それは感染Ｔ細胞が直

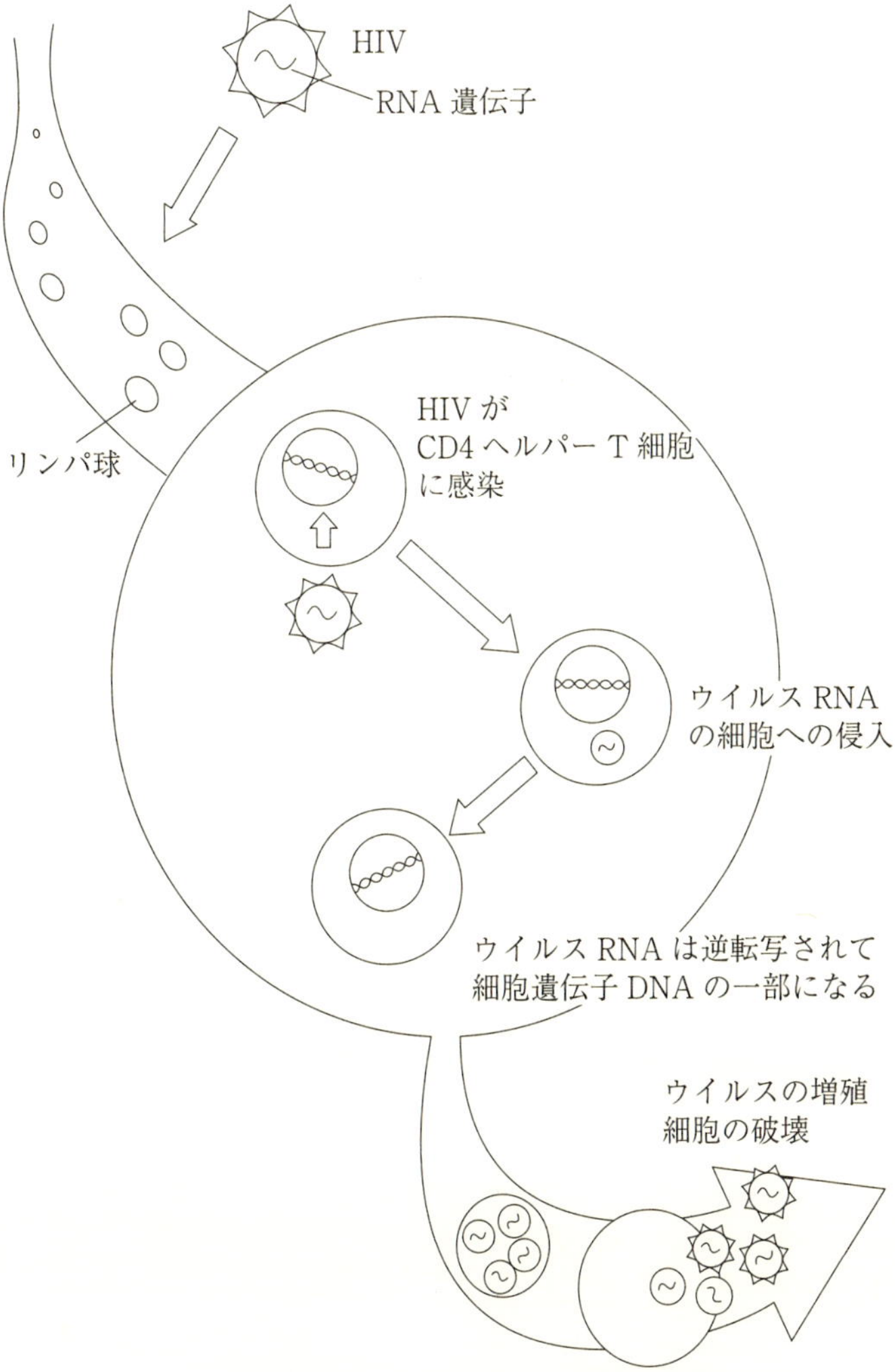

ヒト免疫不全ウイルス（HIV）の感染と増殖

接血液中に侵入することになるからです。

他のウイルスと同様に、ＨＩＶも血液以外では粘膜上皮から侵入します。同性愛者の場合は、エイナルセックスで感染パートナーの腸管粘膜に存在する感染細胞がペニスの尿道から侵入し、尿道の粘膜細胞に接触してウイルスが感染します。ＨＩＶは遊離のウイルスだけが感染源になるわけではなく、細胞と細胞の接触でも直接伝播します。

現在世界中でもっとも多く見られる感染経路は、異性間性交渉です。ワギナルセックスでは、男女両性の生殖器の粘膜と皮膚にある免疫系細胞が感染源となり、同時に最初の標的細胞になります。ＨＩＶ感染の防御においてコンドームの使用がもっとも有効なゆえんです。

最初に感染した細胞で増殖した遊離ウイルスあるいは感染細胞はリンパ節や循環系に入っていきます。すると、感染細胞やウイルスを駆除するために免疫系が働き始め、活性化されたＴ細胞が出現します。このようにしてＨＩＶあるいは感染細胞は主要な標的である活性化Ｔ細胞に遭遇します。この時点から感染者は、長くしかも決して後戻りできないコースをたどることになります。

ＨＩＶはその他、輸血、血液製剤、母子感染などで感染が広まります。出産時に汚染された産道を通るときに赤ちゃんが感染します。また、授乳の際、母乳に含まれる感染細胞を通じて感染する危険があります。日本でとくに問題になったのは、血友病の患者が汚染された血液凝固因子製剤を使用したためにＨＩＶに感染したことでした。日本の厚生省（今の厚生労働省）は、一九八一年以降のアメリカにおけるエイズの発症や血液の危険性を、早い段階から知っていたにもかかわらず、適切な手段を講じなかったため、感染を広げてしまったのです。

遊離のＨＩＶあるいは感染細胞は、涙、だ液、汗、便、尿などには含まれていません。普段の生活で感染者から感染することはありません。つまり、キスや風呂からの感染はないということです。

今の話だと、ＨＩＶ感染者やエイズ患者を避ける必要はないってことね。彼らを排除しようとするのは人権問題だといわれているのはもっともなことだわ。でも、結局は、正しい知識よりもうわさや憶測の方が広まってるし、それが問題。

感染からエイズの発症まで

インフルエンザウイルスの潜伏期は約二日でした。麻疹ウイルスは一〇〜一二日、風疹ウイルスは一四〜二一日です。ところが、ＨＩＶに感染してもすぐにはエイズにならず、多くの場合、約一〇年間もの無症候期を経て発病します。

感染から数日間を急性期といいます。この間、ウイルスはリンパ節中の活性化Ｔ細胞で大量に増殖します。そのためリンパ節が腫れて、いわゆるインフルエンザ様症状が出ます。血液中には遊離のウイルスが血漿一ミリリットルあたり五〇〇〇個ほど検出されます。しかしながら、数日後には血液のウイルス量は減少し、いったん減少したＴ細胞の数も再び元のレベルに戻ります。

感染から三～四カ月後に無症候期に入ります。時々小さな増加はあるものの血液中のウイルス量は低レベルに抑えられています。この期間、リンパ節の中のウイルスの正味の増加量は小さく、活性化Ｔ細胞の数はゆっくりと減少していきます。

ＨＩＶの感染を受けると、もちろん生体は免疫機能を総動員してウイルスを排除しようとします。ＨＩＶに抵抗するＴ細胞や抗体分子も生産されます。ウイルスは一日あたり10^{10}個は増殖しますが、免疫反応によって爆発的な増加が抑えられているのです。ＨＩＶ感染細胞は二日ほどで殺され、ＨＩＶは八時間しか生存できません。しかしながら、すべてのウイルスが駆逐されるわけではありません。この状態が持続すれば発病しないで済むことになります。

ところが、ＲＮＡを遺伝子とするＨＩＶは高い頻度で変異ウイルスを出現させます。ＤＮＡは二本鎖であるため、片方の鎖が変異しても修復することができるのですが、ＲＮＡは一本鎖であるため変異の修復ができません。

今、最初に感染したウイルスをＨＩＶ$_a$とし、変異で生じたウイルスをＨＩＶ$_b$としましょう。ＨＩＶ$_a$の感染で誘導されたＨＩＶ$_a$に対する免疫応答はＨＩＶ$_b$には無効です。そうなると、免疫を逃れたＨＩＶ$_b$はＨＩＶ$_a$に替わって増殖することになります。今度はＨＩＶ$_b$に対する免疫が誘導されます。しかし、ほどなくＨＩＶ$_b$はＨＩＶ$_c$に変異してしまいます。このようにＨＩＶと免疫機構との死闘が繰り広げられますが、それが何年も経過すると、ついにＨＩＶが免疫機構に勝利し、

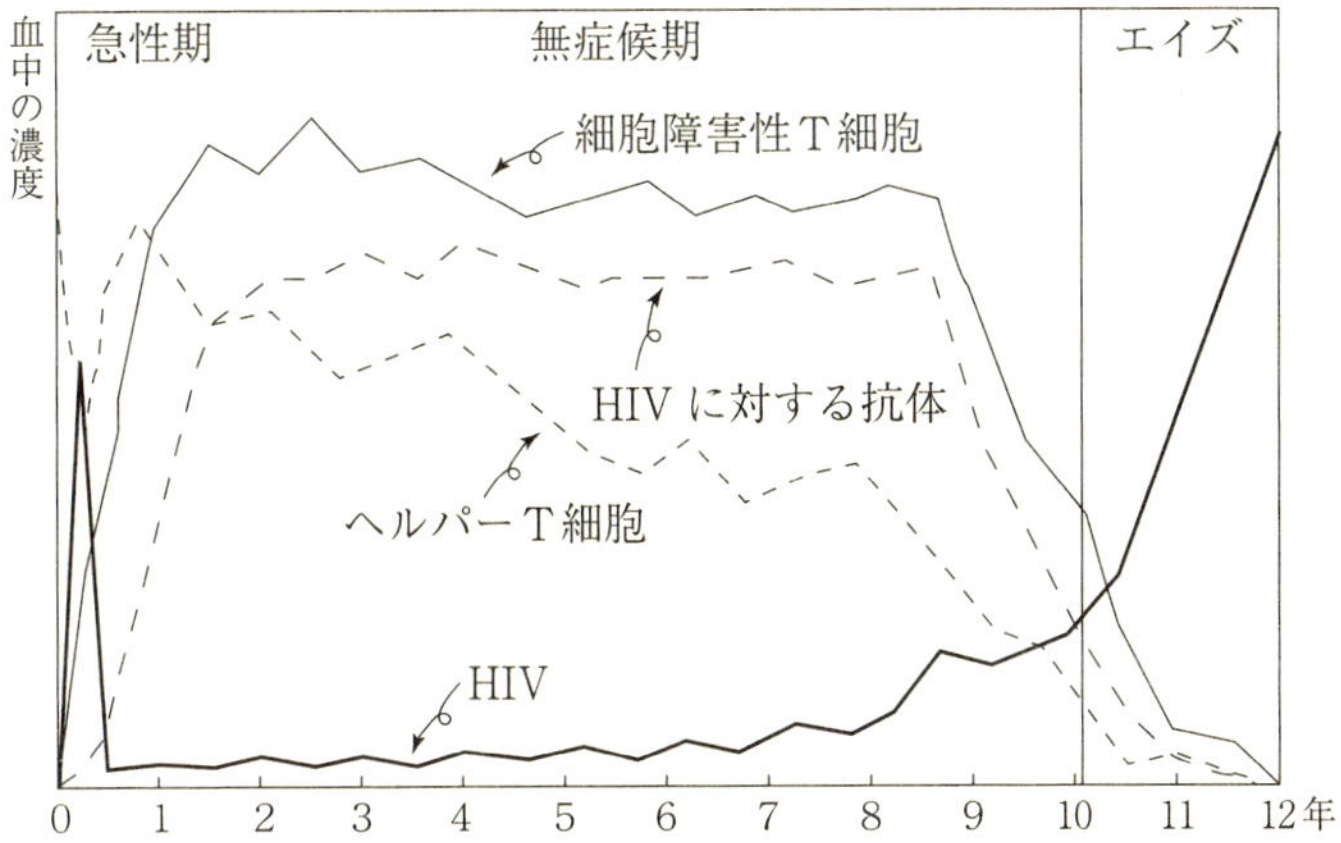

HIVの感染からエイズ発症まで

免疫機能が破綻します。そうして免疫不全に陥り、エイズになってしまうのです。

無症候期でもウイルスと免疫はいたちごっこをしているのね。だけど、無症候期の感染者から他の人にウイルスがうつるんだから、無症候期が長ければそれだけ感染させてしまう機会も多くなっちゃうんじゃないの？　でも、どうしたら感染しないですむのかしら。それに、感染したらどうなっちゃうの？

T細胞の減少とともにウイルスが増加し、リンパ系細胞やリンパ組織が崩壊しはじめ、ついにT細胞が死滅します。その結果、エイズが発症するのです。免疫系の破壊によって普段なら感染しないような非病原性の微生物の感染も起きます。トキソプラズマ、クリプトスポリジウム、結核菌、非定型性抗酸菌、カリニ、クリプトコッカス、カンジダ、ヘルペスウイルス、サイトメガロウイルス、水痘ウイルスなどなどが感染します。さらに、ヘルペスウイルス感染で皮膚に多発するカポジ肉腫、あるいは悪性リンパ腫の非ホジキンリンパ腫などが頻発します。悪性リンパ腫は主にリンパ組織から発生しますが、皮膚、脳、鼻腔、胃、乳腺などあらゆる組織に発生します。

感染者の一〇パーセントは二〜三年でエイズを発症しますが、約八〇パーセントは一〇年以上の無症候期を経過し、そのうちの半数がエイズになります。しかし、感染者の中には二〇年以上経ってもエイズにならず、完全に症状を示さない者も少数ながらいます。

このような差は何に由来するのでしょうか。HIV以外の感染に対する免疫反応の程度に差がある可能性があります。寄生虫や他の病原体の感染が頻発する地域では、多くの人びとは活性化されたT細胞を大量に保有するため、それだけHIVの増殖が激しくなり、エイズが速やかに発症する、と考えられています。また、長い無症候期を経過する人、あるいは症状を示さない人たちがいますが、これらの人たちの免疫系の解析から、今後の治療のヒントが得られるのではないかと期待されています。

そうなのよ、エイズになると、ほんとに普段聞きなれない微生物が増えてしまう。それが怖いのよね。普通ならこんなものが私の体で増えることはないのだから。いったいどうすれば、感染者の恐怖をくいとめられるのかしら。

エイズの治療薬

ＨＩＶの増殖には逆転写酵素とタンパク質分解酵素が必須です。逆転写酵素はＨＩＶ・ＲＮＡをＤＮＡにする酵素であり、タンパク質分解酵素は合成されたウイルスタンパク質前駆体を切断してＨＩＶタンパク質にするために必要です。抗ＨＩＶ薬剤としてこれら二つの酵素をそれぞれ阻害する薬物が探し求められてきました。そして、現在、いくつかの有効な薬が開発されています。

ジドブジン、ジダノシン、ラミブジンという商標名で知られる薬剤は逆転写酵素阻害剤です。一方、タンパク質分解酵素阻害剤としてはインジナビル、リトナビルなどが開発されています。これらの薬物の最大の問題点はＨＩＶが速やかに変異を起こして薬剤耐性ウイルスが出現してしまうことです。そこで、違ったタイプの複数の薬を同時に投与することにしています。現在では、逆転写酵素阻害剤の二剤とタンパク質分解酵素阻害剤の一剤、計三剤の併用が行われ、ＨＩＶ増殖抑制にかなりの効果をあげています。しかし、これらの薬剤の価格が高く、エイズの蔓延（まんえん）しているアフリカや東南アジアなどの発展途上国では薬が十分に行き渡らないという問題があります。また、内服の回数が多く、コンプライアンス（服薬遵守）に難点を抱えています。

せっかく開発されたのに、有効な薬がなぜ多くの人に渡らないのかなぁ。貧困、無策だけが原因なの？　国際援助をもっと強化したらいいのに。

ＨＩＶに対するワクチンを開発する試みはいろいろなされていますが、まだ有効なワクチンの開発には成功していません。その最大の理由は、インフルエンザウイルス以上にＨＩＶの変異が速やかであることです。ＨＩＶの場合、同じ個体の中で変異を繰り返します。また、ＨＩＶの感染が細胞と細胞の直接の接触によっても起きるため、感染細胞を攻撃する免疫を増強するものでなければ有効なワクチンとはいえません。ウイルス粒子に結合する抗体をつくらせるだけでは十分な効果が期待できないのです。

なるほど、それで有効なワクチンの開発が急がれているのね。でも。ＨＩＶの変異のスピードに追いつけるのかなぁ。

エイズ死は年間三一〇万

国連エイズ合同計画と世界保健機関（ＷＨＯ）が、毎年年末にその年の世界中のエイズ死者とエイズ患者を含むＨＩＶ感染者の数を発表しています。二〇〇五年一年間の死者は三一〇万人でした。感染者は四〇三〇万人に達し、前年比で九〇万人増え、過去最高の水準に達しました。

感染者の数は、サハラ砂漠以南のアフリカ諸国で二五八〇万人と全体の六四パーセントを占めています。成人の三〇パーセントが感染しています。そこでは患者全体の五七パーセントが女性で、しかも一五～二四歳の患者の七六パーセントが女性です。異性間性交渉によって若い女性がＨＩＶに冒されています。ＨＩＶ感染者との性行為はきわめて危険です。ＨＩＶやエイズに関する知識の普及と同時にコンドームを使用するなどの予防が絶対必要なのです。

インドを含む南および南東アジアは、感染者が七四〇万人で、世界で二番目に多い地域です。また、増加が著しいのは中国を中心とする東アジアで、八七万人を数え、二〇〇三年より一八万人も増加しました。

エイズが最初に見つかったアメリカでは、同性間性交渉と麻薬の回し打ちによる感染が八〇パーセントを超えていますが、世界的に見ると、ＨＩＶ感染の八〇～八五パーセントは異性間性交渉によります。エイズ対策は性教育であるといわれるゆえんです。第4章ですでに性感染症、ＳＴＤについて述べました。エイズも明らかにＳＴＤの一種です。ＨＩＶ感染予防のための教育は性教育をおいてほかにありません。セックスにおけるコンドームの使用は今や避妊のためだけではなく、ＨＩＶ感染予防が大きな目的になっています。とくに、世界のＨＩＶ蔓延地域でコンドーム使用の運動をさらに促進させる必要があります。ＨＩＶ感染の広がりの大本には貧困と、それに伴う無教育があります。

要するに危険なセックスはするなということでしょ。よく日本の男性が批判されてる買春ツアーなどもってのほかだわ。

国連とWHOは、目下、発展途上国のHIV感染者に対して抗ウイルス薬治療を進めていますが、なかなか思うように進んでいません。薬価が高いため薬品の調達と配給が円滑に行われないこと、治療にあたる医師が不足していることなどが主な理由です。国連は各国政府にたいして取り組みをなお一層強化するよう求めています。

厚生労働省のエイズ動向委員会は、二〇〇五年一年間に日本で新たに発生したHIV感染者とエイズ患者の数は一一二四人で、二年連続して一〇〇〇人を超えたと発表しました。一方、国連エイズ合同計画は、二〇〇五年七月、日本におけるHIV感染者が一万二〇〇〇人に達したとして、日本ではエイズの知識が不足し、感染者が社会から疎外されていることなどから、急速な全国的蔓延の可能性を指摘しました。緊急にエイズ対策を実施しないと二〇一〇年には五万人に膨らむ恐れがあると警告しています。

しかしそれでも日本ではHIV感染者はまだまだ少ないと軽く考えられていて、人びとのあいだに緊迫感がありません。エイズの恐ろしさはHIV感染から何年もかかって発症することなのです。

潜在的な流行が表に出たときは取り返しのつかない状態になっています。隣国の中国では現在一〇〇万人規模の感染者がいると推定されますが、そのほとんどの人は感染に気づいていないといわれています。二〇一〇年には中国の感染者は二〇〇〇万人になるだろうと、ＷＨＯは警告しています。日本と中国との往来は今後ますます激しくなることから、五年後には日本のＨＩＶ感染者は五万人どころか一〇〇万人になると警告する専門家もいます。さらに、エイズ患者が結核におかされた場合、結核菌は多剤耐性になり、それが蔓延する危険性も指摘されています。

今回は、エイズがなぜ一九八一年に突然出現したか、今後どのような注意が必要か、などについてレポートしてください。

〔私のレポート〕エイズの登場と対策

エイズ患者は一九八一年にアメリカで初めて報告された。世界各地の病院で保存されていた血液を調べても一九八一年以前のものにはＨＩＶは検出されない。それまで存在しなかったＨＩＶがどのようにして出現したかはウイルス学の興味ある問題であるという。ＨＩＶはアメリカ軍の製造した生物化学兵器であると主張する人もいたほどである。

中央アフリカにＨＩＶの源泉があると、多くのウイルス学者は考えている。エイズは初めごく限られた地域の風土病であった。しかし、一九六〇年代、アフリカ諸国はつぎつぎと独立し、経済活動も活発になった。しかし、同時に各地で内戦による戦闘や虐殺が繰り返された。それに伴い以前とは違って急速に人びとの往来が激しくなった。このような結果、一九七〇年の初めにＨＩＶ感染者が部落から出て都市に出現したというのである。

ＨＩＶの感染からエイズが発症するまでの期間は約一〇年である。八一年にエイズを発症した患者はすでに七一年には感染していたことになる。六〇年代後半から七〇年代にかけては、アメリカのベトナム反戦運動の盛り上がり、世界各地の大学紛争、ヒッピーの登場など、既存の文化・慣習を否定する運動が若者の中で広がった。その中で、同性愛者も公然と姿を現し、麻薬使用も広がっていった。世界中の人びとの集まるニューヨークはその中心であり、ひとたびＨＩＶが入り込めば、またたく間に広がっていく素地がそこにはあった。

インフルエンザウイルスや風疹ウイルス、麻疹ウイルスなどは空気伝染によって伝播するが、ＨＩＶは主にセックスを介して感染する。ＨＩＶ感染者との性交渉を避ければ感染することはない。患者の傍にいるだけで感染することはない。キスをしても一緒にお風呂に入っても何の問題もない。その意味では予防手段はいたって単純である。不特定多数と性交渉しない、セックスの際にはコンドームを使用する、などの注意を払えばよい。もちろん、感染者の使った注射器や注射針は絶対に再使用してはいけない。注射器による事故が医療従事者におきることがある。

HIV感染者の社会的活動は十分可能である。いわれない差別や偏見は無知に由来する。また、最初にアメリカでエイズ患者が見つかったのが同性愛者であったため、同性愛者に対する偏見が一段と強まった。HIVの感染は、世界的には今や普通の異性間性交渉によるのが圧倒的である。エイズは生活そのものと密接に結びついているといえる。女性の地位の向上や性モラルの確立がなければエイズを抑えこむことはできない。

第9章　癌とタバコの危険な関係

父方の伯父が先年、肺癌で死亡した。現代の日本人の死亡原因の三〇パーセント近くが癌というじゃない。そのうち、男性では肺癌が癌死全体の二〇パーセントを超えている。でも、どうして癌になるのかしら。タバコは癌の原因といわれているけど、タバコの何がいけないのかしら。タバコをやめたら本当に癌は少なくなるの？　副流煙の方が害があるっていうけど、それじゃ吸わない私だって危険なの？　今回の授業でそのあたりの事情をしっかり勉強しよう。

癌は遺伝子ＤＮＡの病気

癌という文字は、山上の岩石が累々とそびえる形をあらわす喦（がん）に由来します。癌は悪性の腫瘍で、その組織が次第に増大して嵒のようになることから「癌」の文字があてられました。英語では、cancerですが、この語はカニを意味するラテン語です。悪性腫瘍の血管の膨れ上がった様子がカニの足に似ていることからこの文字があてられました。

今や癌は日本人の死亡原因の第一位です。二〇〇一年の統計によると三〇万人が癌で死亡しています。そのうち消化器の癌が一六万九〇〇〇人で全体の五六パーセント、次いで呼吸器の癌が多く、五万七〇〇〇人で一九パーセントを占めています。消化器の癌の筆頭である胃癌は減少傾向にあるのに対して肺癌などの呼吸器の癌は増加しています。肺癌を抑えこむことができれば、日本人の寿命はさらに延びると期待されています。

人の体は六〇兆個の細胞からできていますが、普通、それらはいずれもお行儀がよく、むやみやたらと増えたりはしません。ところが、癌細胞は違います。細胞が癌化すると、細胞分裂の制御がきかなくなり、異常な増殖を始め、かたまりをつくります。さらにやっかいなことに癌の組織は、自分の周りに血管を作り出してどんどん栄養を補給し、さらに増殖します。このようにして「嵒」ができあがり、「カニ」の様相を呈するようになるのです。

細胞たちが集まって胃や肝臓のような臓器をつくるのは、胃の細胞や肝臓の細胞が互いに接着しているからです。ところが、これらの細胞が癌化すると接着性が弱くなりバラバラになって、周りの組織に浸潤していきます。さらに癌細胞は、リンパに乗って近くのリンパ節で増えたり、血流に乗ってたどりついた遠くの組織で増殖を始めます。癌が悪性腫瘍といわれるゆえんは主にこの転移する性質があるからで、癌という病気の予後が悪い一番大きな理由です。

そうそう、伯父の場合も肺癌が他の臓器に転移していて、もう手遅れだったのよ。みんな転移は怖いって言ってたなぁ……。

これまで述べてきたように、代表的な病気として感染症があります。コレラや赤痢の原因は、コレラ菌や赤痢菌のような病原菌の感染です。これらの病原菌はばい菌ともいわれ、細菌（バクテリア）の仲間で、普通の顕微鏡で見ることができるし、培養液の中で増やすこともできます。細菌の増殖は抗生物質によって抑制されるので、抗生物質の発見はばい菌による感染症の治療に革命をもたらしました。

天然痘や小児麻痺ポリオは、天然痘ウイルスやポリオウイルスの感染によって引き起こされる病気です。ウイルスの姿は高倍率の電子顕微鏡でなければ見ることはできません。先の授業でもふれたように、ウイルスは細胞の中でしか増殖しません。それは細胞の中に侵入して、細胞の代謝系を乗っ取って増殖するのです。ウイルス病には抗生物質は無効ですが、その予防にワクチンが有効でした。種痘やポリオワクチンは天然痘やポリオの撲滅に絶大な偉力を発揮しました。

一方、癌は、ばい菌やウイルスのような病原体による感染症ではありません。それはわれわれ自身の細胞の遺伝子ＤＮＡに傷がついた結果起きる病気で、いわば自分自身の細胞の反乱によります。

癌細胞は、増殖を調節する遺伝子ＤＮＡが変化したことで調節のたがが外れ、無限の増殖を始めてしまうのです。癌細胞は自分の体の他の臓器に転移しますが、他人にうつるような伝染病ではありません。また、遺伝子ＤＮＡの変化といっても卵子や精子の生殖細胞とは無縁なので、癌が遺伝することはありません。

癌は多くの場合、四〇歳代以降で発病し、それから年齢を重ねるごとに対数的に増加します。このことから、ＤＮＡの傷、つまり遺伝子変異の蓄積と変異細胞の増加が癌を引き起こすと考えられています。

癌に対しては抗生物質やワクチンのような有効な治療薬や予防手段が今のところありません。癌組織を外科的に切除したり、放射線で殺したりするのが最も有効な手段になっています。癌細胞が転移してしまうと、外科処置も手後れになります。癌細胞を殺す抗癌剤は多かれ少なかれ健常な細胞の増殖にも影響を与えるので、副作用が強いのが普通です。

癌が自分の細胞の反乱とは困りものね。彼らに反乱を起こさせないようにするにはどうしたらいいのかしら。

DNAを損傷する発癌因子

先に、癌の原因は変異の蓄積と変異細胞の増加である、と述べました。このことはどのようにして明らかにされたのでしょうか。

病気の原因を探るために、医学者は研究室内で実験動物を使って実験的に病気を起こさせる手法をよく使います。適当な手段を用いて、動物に人工的に癌をつくることができれば研究が進展します。世界に先駆けて人工癌の作製に成功したのは山際勝三郎と市川厚一でした。

一九一五年、彼らは、ウサギの耳にコールタールを塗り続けることで人工的に皮膚癌をつくりだすことに成功しました。山際は、当時、石炭を常用していたヨーロッパで、煙突掃除人の陰のうに癌ができやすいことに着目して、市川とともにウサギの耳に一〇〇日以上もせっせとタールを塗り続けたのです。一〇三日間あるいは一七九日間のタールの塗布で、三匹のウサギの耳に典型的な皮膚癌が発生しました。タール中の3、4‐ベンゾピレンという化合物が強力な発癌剤であることが、後に英国の研究者によって明らかにされました。

いまでは、多数の癌誘発因子が同定されていますが、これらはいずれもDNAに損傷を与え、変異を誘発する因子でした。それらの中には、さまざまな突然変異誘起剤、ウイルス、紫外線、放射

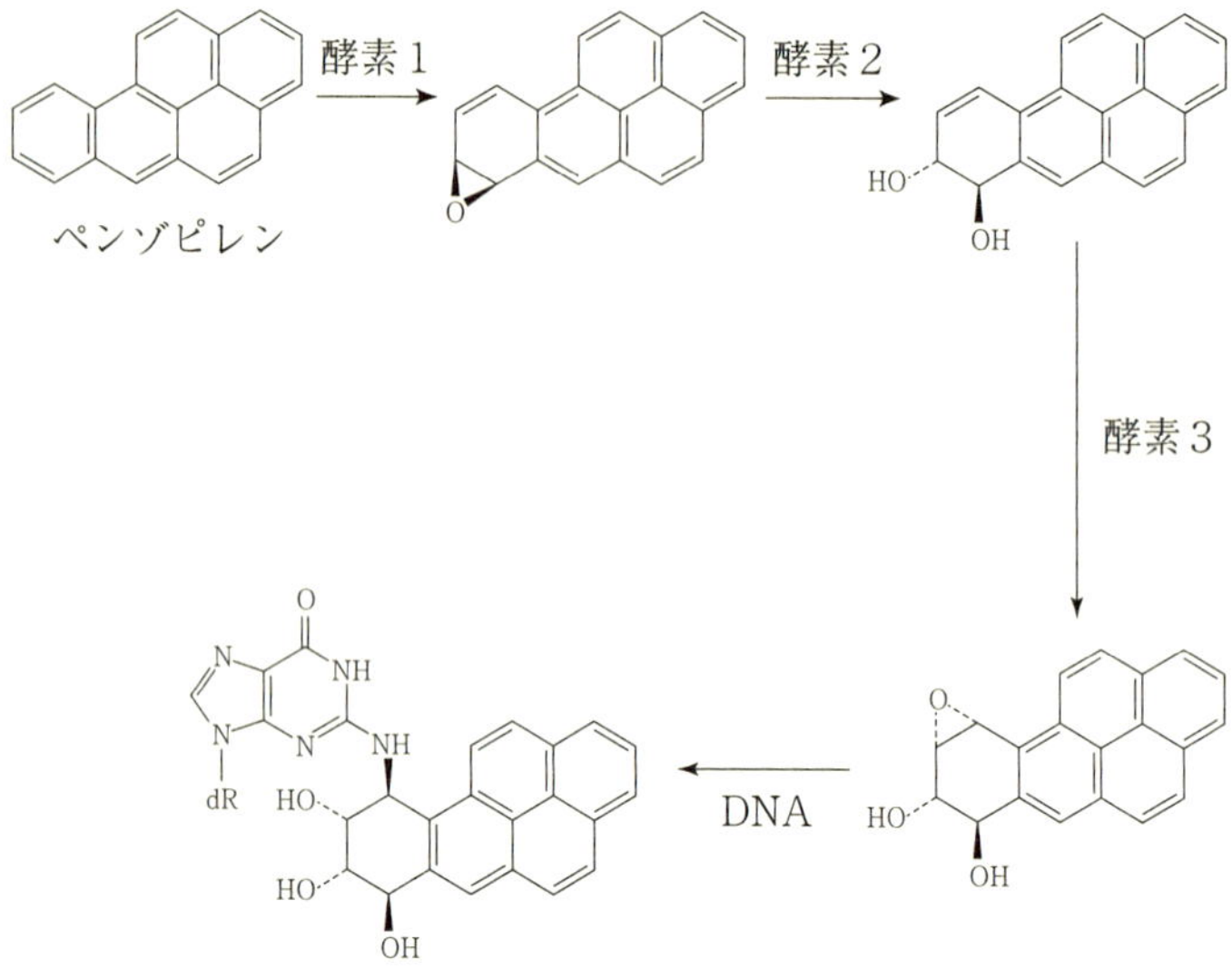

ベンゾピレンとDNAの結合　ベンゾピレンがDNAのグアニン塩基に結合。

線が含まれています。

われわれの身の回りにある発癌物質を同定するためには、山際・市川の実験のように、実験動物の皮膚に塗るとか食べさせるとかして、癌が発生するかどうかを観察すればいいわけです。しかし、このテストには長い時間が必要です。そこで、突然変異を誘起するものに発癌作用があるという性質を利用して、発癌物質をテストする簡単な方法が考案されました。まず、テスト化合物をラットの肝臓の抽出液と混ぜ、それをサルモネラ菌の培養液に入れます。そうして二日ほど培養してから突然変異の有無を調べます。強力な発癌物質なら多数の変異菌を出現させます。

この実験のミソは、化合物を動物の肝

臓抽出液と混ぜることにあります。多くの化合物はそのもの自身には変異原性がないのですが、肝臓抽出液と混ぜることで変異誘起剤に変身します。それはわれわれの体の中で起こることです。

アフラトキシンはカビの生産する毒素として有名ですが、そのものには発癌性も変異原性もありません。ところが、これに汚染されたトウモロコシやピーナツを食べた動物や人から高頻度に肝臓癌の発生が認められました。その後の調査で、この毒素は肝臓中の酵素の作用で変化し、DNAに結合して突然変異を起こさせる分子になることが判明しました。

タールやタバコに含まれるベンゾピレンも、酵素作用により変化してDNAと結合するような分子に変化します。このようにして発癌性を発揮するようになります。

タバコがいけないというのは煙の中のベンゾピレンなのね。それじゃ、結局伯父は、山際・市川の実験を自分の体で検証したということになるじゃない。せっせと毎日肺にタールを塗って人体実験をやったというわけね。

起爆剤と促進剤

実験用マウスに皮膚癌を起こさせる実験で、癌の発生には突然変異誘起剤だけでなく、他の薬剤も有効であることがわかってきました。マウスに皮膚癌をつくるためにはベンゾピレンを繰り返し塗る必要があります。一回塗っただけでは癌はできません。ところが、ベンゾピレンを一度だけ塗って、その後、変異原性のない別の物質を数カ月にわたって繰り返し塗り続けると皮膚癌が発生しました。ベンゾピレンは癌の起爆剤、イニシエイターとして、そしてその後に塗った薬剤は促進剤、プロモーターとして機能したのです。プロモーターには突然変異を起こさせる力はないし、それだけ与えても癌は発生しません。しかし、プロモーターの機能をもつ化合物には細胞の増殖を促進する働きがあります。

このような実験から、癌の発生にはＤＮＡに傷をつけるイニシエイターと、変異した細胞を増殖させるプロモーターの両方が必要であることがわかってきました。実験的にプロモーター活性をもつ化合物は知られていますが、自然に発生する癌でどのような物質がプロモーターとして機能するかはまだわかっていません。

変異誘起剤であるイニシエイターは癌発生の引き金になっていますが、どのような遺伝子に作用して癌が誘発されたのでしょうか。これまでに癌誘発に関係する遺伝子として一〇〇種類以上が見つかっています。このような癌関連遺伝子は、予想どおり、細胞の増殖を調節する遺伝子でした。正常細胞ではそれらの遺伝子の作用によって細胞は秩序正しく増殖することができます。ところが、変異を起こすと、正常な細胞増殖調節機能が失われてしまうのです。このような細胞がプロモーターの作用で数を増やしていくと癌が発生することになります。

へえ、イニシエイターとプロモーターが必要なのね。発癌因子はイニシエイターってことね。それで、プロモーターはサルモネラ菌を使った簡単な変異テストじゃわからないんだ。どうりで発癌のメカニズムがはっきりしないわけね。

解明されていない発癌機構

発癌因子が同定され、イニシエイター、プロモーター、癌関連遺伝子などが発見されたことから、癌の発生機構はほどなく解明されるだろうとの楽観的な見方がされていました。発癌因子によって癌関連遺伝子が変異し、それがつくりだすタンパク質の働きが変わって細胞の増殖の調節が効かなくなります。そして、そのような細胞がプロモーターの作用で増殖し、ついに癌が生じるというわけです。ところが、このような仮説ではうまく説明のつかないことがいろいろ出てきました。

まず、癌組織の細胞はすべて一様ではなく、癌の成長と転移を主導するのはごく少数の細胞で、その他多くの細胞では癌関連遺伝子すら変異していない場合が見つかってきました。さらに、ある特定の癌について、患者すべてに共通した特定の遺伝子の変異が追求されてきましたが、そのようなものはまだ見つからないのです。数個の癌関連遺伝子の変異で癌の発生を説明することはとてもできそうにありません。しかし、癌がＤＮＡの病気であることは確実です。問題は、どのようにＤＮＡが変化すると癌という病気になるかということなのです。

癌細胞の染色体の数や形を観察すると、それらは決まって正常からずれています。まず、染色体の数が異常です。普通は四六本なのに、染色体がまるごと倍加したり消えたりしているのです。さらに、末端が欠けたり、大きな断片が互いにつながったりしている染色体が観察されます。これまでは、このような染色体の異常は、細胞が癌化したために起きた二次的な結果だと考えられていました。ところが、最近、染色体の異常こそが癌の主要な原因であるとの仮説が浮上してきました。この仮説によると、まず染色体に異常がおきて、それがきっかけとなって癌が発生するというのです。

体細胞が増殖する時、たまたま核が倍加したのに、細胞が分裂せず四セットの染色体をもつ細胞（四倍体細胞）ができることがあります。この四倍体細胞が増殖・分裂すると、四倍体細胞や乱れた染色体数をもつ異数性細胞ができます。これらの細胞に発癌剤を加えると容易に癌細胞に変身しました。高齢になると、このような細胞分裂の失敗が起きやすくなるのかもしれません。癌発生のメカニズムの詳細は不明ですが、それがＤＮＡや染色体の異常によることは確かですし、発癌誘起物質が癌を引き起こすこともはっきりしています。

――ちょっと待ってよ。染色体異常で癌になっちゃうの？　でもともかく染色体ＤＮＡの病気で

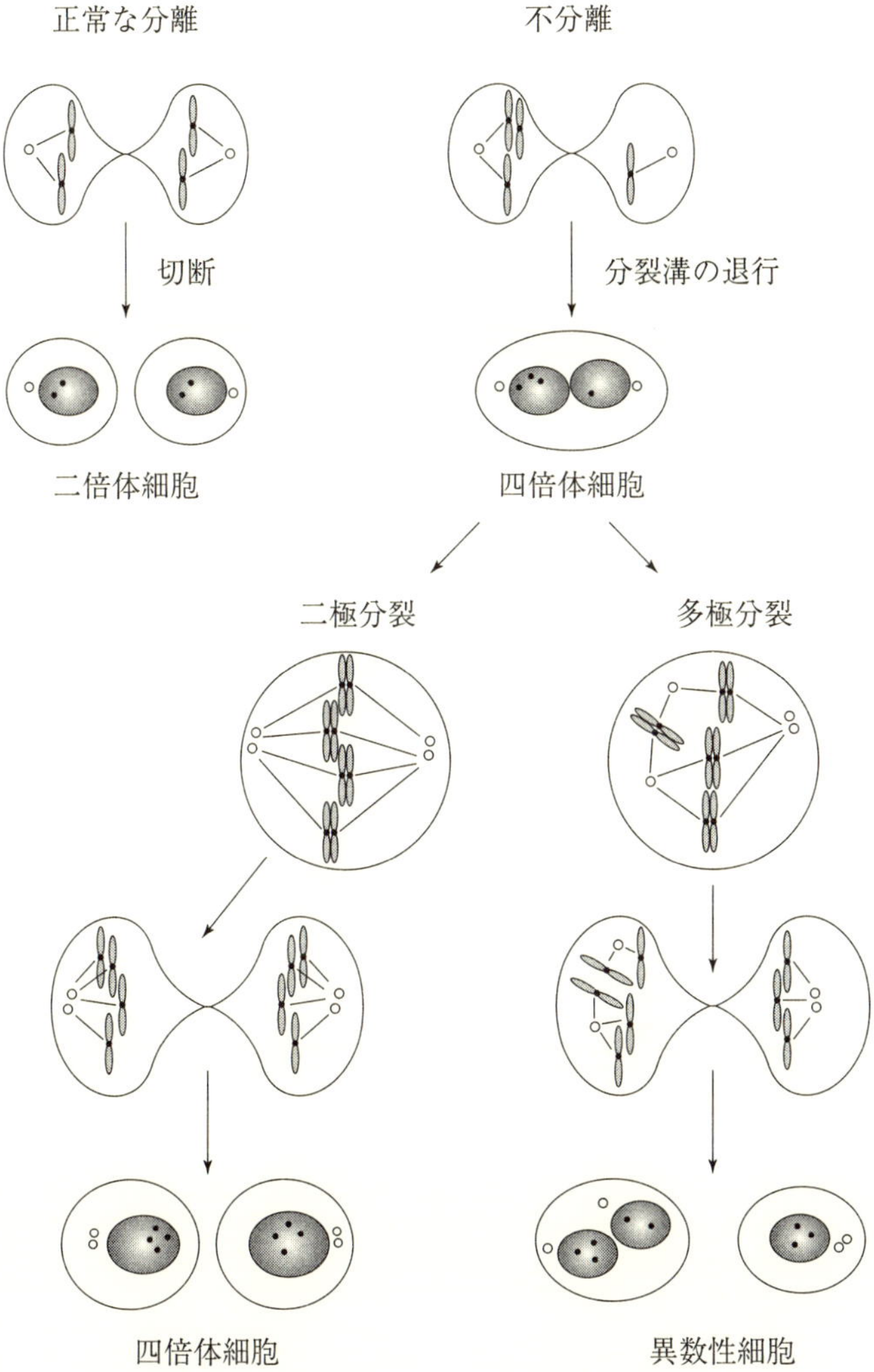

異数性細胞の形式　細胞の不分離で異数性細胞ができる。

あることは確かね。これまでの話だと細菌感染は抗生物質で抑えられるし、ウイルス感染はワクチンで予防できる。でも、いまだにどうして癌が起きるかがわからないんだから、癌の特効薬なんて難しそう。癌を防ぐにはどうしたらいいのかしら。

タバコとは何か

今日世界的に知られている、発癌に関する最も重要な環境因子は、タバコの煙の中に含まれる化学物質です。このことは疫学調査を始め、さまざまな研究で十分に調べられています。

疫学という学問は、集団中の病気の頻度を解析して、その原因や対策を研究するものです。もともと伝染病を意味する疫病の流行を研究目標にしていたので疫学の名があります。この学問は、今日では広く癌などの病気や交通事故などにも応用されています。癌対策における疫学の最大の功績は、喫煙の影響を明らかにしたことです。北米やヨーロッパでは禁煙を推奨することによって癌死亡を全体として三〇パーセント以上も減少させることに成功しています。

タバコの原産地は南米大陸です。コロンブスがヨーロッパにタバコを持ちこんだ一五世紀末までは、両アメリカ大陸以外でのタバコの栽培は知られていませんでした。しかし今や一二〇カ国以上で栽培され、タバコの存在を知らない人はいません。日本には、一五四三年の鉄砲伝来とともに、ポルトガル人によってもたらされました。日本で喫煙の習慣が広まったのは一六世紀末頃からといわれています。

タバコは植物学上、ナス科タバコ属に分類されます。この属だけで六〇品種もありますが、喫煙用のタバコはニコチアナ・タバクムという品種の葉からつくられます。この名にもあるように、ニコチンはタバコやその煙に含まれる最も重要な生理活性物質です。喫煙者はこのニコチンを摂取するためにタバコを吸い続けるのです。

タバコの煙は気相と粒子相に分けられますが、そこに含まれる化合物は約五〇〇〇種もあります。気相には、一酸化炭素の他に二酸化炭素、酸化窒素、アンモニア、ホルムアルデヒド、ベンゼン、シアン化水素などが含まれます。一方、粒子相には、ニコチン、フェノール、ナフタレン、カドミウムなどがあり、ニコチン以外はタールと総称されています。このタールにこそベンゾピレン、ニトロソアミン、ニッケル化合物など、癌を引き起こす二〇〇種以上もの化合物が含まれているのです。まさにタバコは毒の缶詰めです。

ナス科タバコ属のニコチアナ・タバクム

タバコの煙は、また、主流煙と副流煙に分

けられます。主流煙は喫煙者によって吸いこまれる煙で、副流煙はタバコの火の先から出る煙です。副流煙は喫煙者だけでなく周りにいる人も吸い込むことになりますが、この煙はタバコやフィルターを通って希薄化されないために、煙中の化合物の濃度は主流煙よりもかなり高くなります。受動喫煙が問題になるゆえんです。

ほら、やっぱりタバコを吸っている人のそばに行くのは危険なんだわ。受動喫煙で発癌物質をたくさん吸わされたんじゃほんと迷惑。

タバコは肺癌の主要な原因

喫煙者はタバコの煙を吸い込むことによってせっせと喉から気管支、肺にタールを塗り付け、九〇年前の山際・市川の実験を追試していることになります。

タバコ三大病として、COPD、肺癌、喉頭癌が知られています。COPDは慢性閉塞性肺疾患を表すChronic obstructive pulmonary diseaseの略号で、これまで肺気腫や慢性気管支炎などの名で知られていた病気が、最近国際的に統一されてこうよばれるようになりました。世界的に患者数の増加が著しく、二〇二〇年には世界の死亡原因の三位になると予想されています。喫煙者がこの病気になる危険性は、非喫煙者の約八倍と見積もられています。日本の患者数は五三〇万人と推定されています。悪化すると日常生活に支障をきたしますが、初期はせきやたんだけで病気と気づかない人が大半で、治療を受けている人は全体の一〇～二〇パーセントとみられています。

肺の末端には約三億個の肺胞があり、そこで二酸化炭素と酸素のガス交換が行われています。肺胞と肺胞を仕切るのは肺胞壁ですが、ＣＯＰＤになると肺胞壁が破壊されて、隣り合った肺胞どうしが融合し、空洞ができてしまいます。タバコの煙が肺胞に入ると、防衛のため細胞が活発になってタンパク質を分解する酵素が分泌され、その結果、肺胞壁が破壊されると考えられています。ＣＯＰＤになるとガス交換がうまくいかなくなり、呼吸が苦しくなります。一度破壊された肺胞を元に戻すことはできません。残された正常な肺胞を有効に使うことが重要であるため、禁煙以外に道はありません。

肺癌の八〇～九〇パーセントはタバコが原因です。口腔、咽頭、喉頭、食道などの癌の主要な原因もタバコです。癌死全体の三分の一はタバコによるとされています。たった一つの癌発生因子のために、社会はあまりに大きな犠牲を払っていることになります。

肺癌は癌細胞の違いによって、腺癌、扁平上皮癌、小細胞癌、大細胞癌などに分類されます。このうち腺癌が日本人の肺癌全体の四〇～五〇パーセントを占めもっとも多く、扁平上皮癌は約三〇パーセントです。また、癌のできる部位によって、中心型肺癌と末梢型肺癌に分けられますが、中心型肺癌はタバコの影響をもっとも受けやすい肺の入口にできる癌です。ちなみに肺胞は細かく分かれていて、抗癌剤が届きにくく、治療効果が上がりません。

肺癌はきわめて予後の悪い病気です。最近のアメリカのデータ（二〇〇〇年）を見ると、一年間の肺癌発生件数は一六万四一〇〇ですが、死亡件数は一五万六九〇〇です。肺癌にかかると九六パーセントが死亡することになります。一方、乳癌や前立腺癌の発生件数はそれぞれ一八万四二〇〇と一八万〇四〇〇と多いのですが、死亡件数は前者が四万一二〇〇、後者が三万一九〇〇で、死亡は二〇パーセント前後です。

受動喫煙の被害もばかになりません。肺癌はもとより副鼻腔癌、心臓病、冠状動脈疾患のほか、乳幼児突然死症候群、低体重児、未熟児、気管支喘息、慢性呼吸器疾患などの原因になっています。

ふーん。タバコと発癌の関係がそんなにはっきりしているなら、喫煙なんてやめたらいいのになぜできないの。タバコは自分に対してだけ害があるわけでないんでしょ。受動喫煙なんて明らかに公害だわ。

アスベスト公害

最近、アスベストによる中皮腫がにわかにクローズアップされています。アスベスト製造工場の労働者やそれを扱っていた建設業者、その家族、あるいは工場付近の住民にまで被害が拡大しています。

アスベストは石綿ともいわれ、マグネシウムや鉄などのケイ酸塩を主成分とする繊維状の鉱物です。耐熱、耐薬品性に優れているため、壁、天井、床、屋根などの建築材料をはじめ各種の断熱材、パッキン、電気絶縁材、ブレーキライニング材などに広く使用されていました。しかし、中皮腫や肺癌の原因になることが判明したため、アメリカでは一九八九年から、ヨーロッパでは一九九九年までに全面使用禁止になっています。日本では、対策が大幅に遅れ、一九九五年に一部が禁止され、二〇〇四年にようやく使用禁止になりました。その間にアスベストによる中皮腫そして肺癌が発生しました。中皮腫は肺や胃などの臓器をつつむ胸膜や腹膜にできる悪性腫瘍です。

アスベストで中皮腫になった患者の細胞には、アスベストの細い繊維が見つかります。アスベストそのものには変異原性はないことから、おそらく発癌のプロモーターとして機能する可能性があります。細胞に突き刺さったアスベスト繊維を排除するために細胞増殖が刺激されるのではないかと考えています。喫煙者がアスベストを吸い込むと、肺癌の発生率は飛躍的に上昇するでしょう。

つまりアスベストもタバコも公害なのね。危険がわかったらさっさと禁止したらいいじゃない。アスベストを好きで吸い込む人はいないけど、喫煙は個人の嗜好だからとてもやっかいね。

今回のレポートは日本における禁煙教育についてまとめてください。

〔私のレポート〕禁煙教育について

日本の喫煙者率は、二〇〇四年時点で、男性四七パーセント、女性一三パーセントで、近年減少しつつあるとはいえ、先進工業国の中でもっとも高く、いまだに発展途上国なみである。とくに、働き盛りの三〇代では、男性が五六パーセント、女性が二一パーセントと高い。毎日吸う人の一日平均の喫煙本数は男性が二二本、女性が一七本であった。喫煙者は、タバコのタールを毎日口腔から肺にかけて塗りつけて、九〇年前の山際・市川の実験を再現している。

喫煙者が半減すれば肺癌死亡の三〇パーセントは減るだろうとの試算もあり、実際、増え続けていた欧米の肺癌死亡が近年減少に転じている。欧米での禁煙対策が明らかに効を奏している。厚生労働省は「健康日本21」を策定し、未成年の喫煙をなくすことを目標の一つにかかげている。一九九九年に改定された文部科学省の高校学習指導要領の保健体育編では、喫煙と疾病との関連、禁煙の重要性を指導するよう指示している。現在の教科書はそれにそって記述されているので、しっかり学習する必要がある。

二〇〇五年四月、文部科学省が全国の幼稚園、小・中・高校を対象に学校内でのタバコ対策を調査したところ、全体の四五・四パーセントが敷地内すべてを禁煙にしていた。校舎内禁煙が二三・六パーセント、喫煙所設置が二六・三パーセントであった。小・中・高校の九九パーセントが何らかの対策を講じているのに対し、幼稚園では八四・六パーセントにとどまっていた。

中学・高校における禁煙教育の効果は着実に上がっている。厚生労働省は、生徒の喫煙や飲酒の実態を調べるために一〇万人規模のアンケート調査を四年ごとに実施している。二〇〇〇年度と二〇〇四年度を比較すると、この四年間で中学生・高校生の喫煙は激減していることがわかった。直近一カ月間に一回以上喫煙した生徒の割合を見てみると、二〇〇〇年に三七パーセントであった高三男子が二〇〇四年には二一・八パーセントに大幅に減少していた。高三女子も一六パーセントから九・七パーセントに、中一男子も六パーセントから三・二パーセントに減少していた。彼らが成人になる頃には日本人の喫煙率は減少しているに違いない。

日本癌学会も遅きに失したとはいえ、二〇〇三年にようやく学会として「禁煙宣言」を出した。そこには、「喫煙の健康への影響のさらなる解明、効果的な禁煙方法の開発」「あらゆる機会を捉えて喫煙の害を説く」「受動喫煙による健康への影響を防止する」「未成年者の喫煙防止に努める」などを盛り込んだ一〇項目を掲げている。

先の「健康日本21」では、もともと喫煙率を二〇一〇年までに半減させることをうたっていたが、タバコ産業界からの反対にあってそれが削除されてしまった。日本たばこ産業（JT）は、「成人には喫煙のリスクに関する情報をもとに、喫煙の是非を自ら判断し、個人の嗜好として愉しむ自由がある」とうそぶいて、売りまくることを宣言している。彼らは人の命や健康をどう考えているのだろうか。

第10章　脳がタバコを離さない

タバコはなぜやめられないのかしら。体に悪いことがこんなにはっきりしているのに。タバコを吸い始めるきっかけはいろいろあるみたいだけど……。友だちや先輩にすすめられて、好奇心から、なんとなく格好いいから、大人になったような気分から……。でも、吸い始めはむせるし、おいしいと感じる人はまずいないっていうじゃない。それなのに、待ち合わせの暇な時、おしゃべりしている時、本を読んだり書きものをしたりテレビを見たりしている時、ビールやお酒を飲んでいる時、勉強や仕事やスポーツの合間、食事のあと、眠け覚ましに、ちょっと一服しているうちにやみつきになるんだって。そうなると、タバコなしではいられなくなって、だんだん本数が増えちゃうみたい。タバコにはいろいろ香料が入ってるから、いい香りがするっていうけど、煙たいし、おいしそうじゃないよ。不思議と他人のタバコの煙は嫌いだという喫煙者が多いわ。それって変じゃない？　私の友人も、やめたいといいながら結局やめられずにいるし、あれは完全に中毒だわ。今回のテーマは脳とタバコの関係。どうして常習性になるのかな。

ニコチンが脳に作用する

タバコがやめられない理由は、タバコに含まれているニコチンによる薬物中毒の効果です。ニコチンは、乾燥したタバコの葉に二〜八パーセント含まれていて、クエン酸やリンゴ酸のような有機物と結合した形で存在しています。純品は無色揮発性液状の猛毒物質です。

ニコチンは脳に作用します。ニコチンを脳に取り込むために紙巻きタバコはとても有効な手段です。柔らかい煙とともに、肺に深く吸い込まれ、血液を介して急速に脳に吸収されます。その間、約七秒です。ニコチンを腕から静脈注射した場合、血流に乗って脳に達するまでには一四秒もかかります。ニコチンは脳にきわめて速やかに吸収されます。では、いったいなぜニコチンがあるとタバコはやめられなくなるのでしょうか。

ニコチンの作用を知るために、まず、脳についてみてみましょう。第4章で人の脳の形はキノコに似ているという話をしました。キノコの傘の部分が左右の大脳半球で、柄の部分は間脳・中脳・橋(きょう)・延髄・脊髄になっています。大脳半球は大脳皮質、辺縁脳、大脳基底核からできています。

鳥のような大脳皮質があまり発達していない脊椎動物では、大脳基底核が運動機能の最高中枢です。人の場合、パーキンソン病とかハンチントン舞踏病などは大脳基底核の病気です。これらの病気になると運動機能に変調をきたします。

辺縁脳は、大脳半球の内側にあって間脳を囲む領域に発達した神経細胞集団で、海馬や扁桃体などがあります。動物の系統発生から見ると、魚類の脳は旧皮質で、両生類ではそれに古皮質が加わり、爬虫類にはさらに新皮質が付け加わりました。そして、哺乳類では新皮質が大きく発達し、旧皮質や古皮質を大脳の端に押しやり辺縁脳が形成されました。大脳新皮質が高次の精神作用に携わっているのに対して、辺縁脳は動物の本能に関係しています。海馬は記憶に関与し、潜在意識の座とされています。扁桃体は情動をつかさどっていると考えられています。

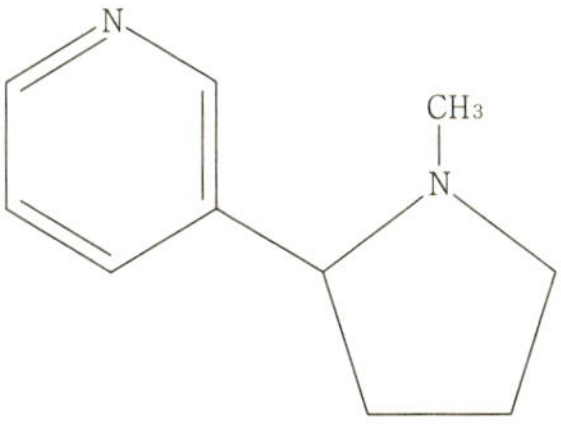

ニコチン

ところで、ニコチンをはじめコカイン、アヘン、アンフェタミン、アルコールのような薬物は、脳のいったいどの部分に作用して中毒を引き起こすのでしょうか。最近の研究によって、中脳にある腹側被蓋野という領域と、大脳の前頭葉の下にある側坐核という部位が、薬物中毒に中心的役割をはたしていることがわかってきました。これらの部位は大脳の辺縁脳と密接に連絡しあっています。これらの薬物の摂取は、大脳新皮質の機能である「意志」には直接支配されないようになってしまうのです。

なるほど！　本能が脳の奥深いところの作用であるのはよくわかったわ。それにしてもニコチンは脳に作用するみたいだけど、覚せい剤とはどう違うのかしら。

脳の「報酬回路」

動物は、食事をしたりセックスしたりすると、快楽を感じ興奮します。これは脳内の神経細胞がつくる複雑な回路の一つである「報酬回路」が作動するためです。快楽を与える「報酬回路」のおかげで、動物は生き延びるための行動や、遺伝子を子孫に伝えるために必要な行動を積極的に喜んでするようになります。先に挙げた常習性の薬物はこのような「報酬回路」に作用し、回路を乗っ取ってしまうのです。そのため動物は激しい快楽を感じるようになり、薬物に対してやみつきになります。

マウスやラット、サルを使った動物実験で、常習性薬物が「報酬回路」を乗っ取る様子を調べることができます。実験では、ひとつのレバーを押すと静脈につないだチューブから覚せい剤が出るようにしておきます。別のレバーを押すと、生理的食塩水が出て、また、別のレバーを押せば食物が出る、というぐあいです。数日後、動物は薬物のレバーだけを押すようになります。そして、つ

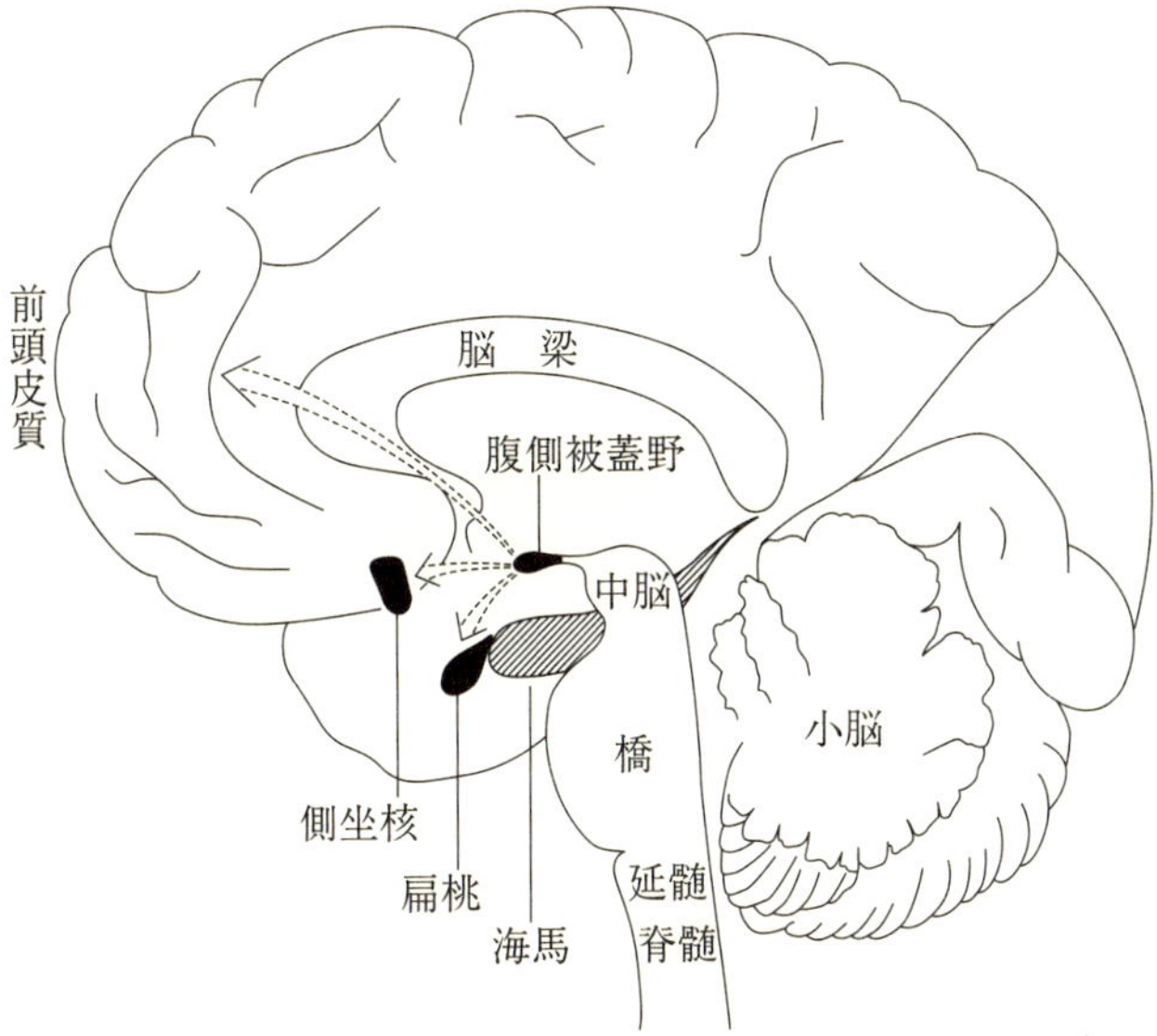

脳の「報酬回路」 破線はドーパミンの伝達経路。

いには寝食を忘れて、死にいたるまで薬物のレバーを押し続けます。「報酬回路」が薬物に完全に乗っ取られてしまうのです。

一般に、薬物を乱用すると、だんだん「快楽」が得にくくなり、渇望感がエスカレートします。これが薬物依存状態です。この状態になると、薬物に対する耐性や渇望だけでなく、薬物摂取の中断が困難になります。中断してもすぐ再発してしまいます。この状態は動物実験で再現することができます。薬物を与えないと、動物はすぐに薬物摂取の行動を止めますが、快楽は忘れません。数カ月間薬物のない環境においた動物に少しでも薬物を与えたり、それを思い出させるような場所に連れていったりすると、すぐに薬物レバーを押すようになります。

このような実験から、脳のどの部位を破壊すると薬物依存状態がなくなるかを観察することができます。このようにして「報酬回路」に関係する神経細胞の回路が特定されました。それは中脳にある腹側被蓋野と辺縁脳に隣接した側坐核で、これらを結ぶ経路が「報酬回路」の中心にあることがわかってきました。

腹側被蓋野とか側坐核とか、ぜんぜん聞いたことがなかったわ。でもまあ、神経細胞が集まってそういうところをつくっていると理解しておけばいいか。それにしても薬物で「報酬回路」が簡単に乗っとられるなんて、人間も案外単純ね。

神経細胞の回路とは何か

われわれの脳は、一兆個もの神経細胞からできています。脳の機能は、運動、食欲、性欲、記憶、創造などきわめてひろい生命活動をつかさどっています。それらの機能は多数の神経細胞のつくりだす複雑で特有なネットワークによります。神経生理学の主な研究はこのネットワークを明らかにすることです。今問題にしている快楽は、腹側被蓋野の神経細胞から発した情報を側坐核の神経細胞に伝える「報酬回路」によって感じ取られるというわけです。

神経細胞は普通の細胞と同じように細胞核と細胞質をもちますが、神経情報伝達に機能するように特異な構造をしています。核の存在する細胞体から神経突起とよばれるものが何本も出ています。この神経突起には、情報を受け取る樹状突起と情報を出す軸索があります。神経突起は短いもので一ミリメートル以下ですが、長いものでは一メートルをこえます。軸索の末端は膨らんでいて、他の神経細胞の細胞体や樹状突起に接触します。この接触部分をシナプスといいます。一個の神経細胞は、平均して一〇〇〇個のシナプスで他の神経細胞と結びついているので、脳には全部で一〇〇〇兆個のシナプスがあることになります。これは銀河系の星の数をこえています。脳はシナプスのネットワークです。

シナプスにおける情報の伝達は、神経伝達物質とよばれる化学物質によって行われます。神経細胞の細胞体で合成された神経伝達物質は軸索の終末に蓄積され、刺激に応じてシナプスに放出されます。情報を受け取る隣の神経細胞のシナプス部には、伝達物質を受け取る受容体があります。この受容体に伝達物質が結合することで、神経細胞は情報を受け取るのです。脳におけるさまざまな神経細胞の回路は、それぞれに特有な神経伝達物質とその受容体によって構成されています。

神経細胞どうしはシナプスでつながって情報が伝達されるのね。一〇〇〇兆個なんて気が遠くなっちゃう。でも、脳の機能は、これらのネットワーク、つまり回路が重要ということよね。

----複雑だなぁ。

ドーパミン経路

いま問題にしているのはタバコのニコチンを快楽と感じる「報酬回路」です。この回路を動かす神経伝達物質はドーパミンです。ドーパミンは、アミノ酸の一種であるチロシンからドーパを経て合成される分子です。つまり、チロシン→ドーパ→ドーパミンの順に合成されます。

ドーパミンの機能はパーキンソン病の研究から発見されました。この病気になると、身体が震え、筋肉が硬直し、動作が緩慢になります。これらの症状は、大脳基底核にある線条体という神経細胞の集団の変性に関連していました。線条体にはドーパミンが多く含まれていること、そしてパーキンソン病になると、そこのドーパミン量が著しく減少することがわかりました。さらに、ドーパミンの前駆体であるドーパをパーキンソン病患者に投与すると、症状が劇的に軽減しました。このようにして、ドーパミンが大脳基底核中の運動中枢に関係する回路の神経伝達物質であることが判明したのです。

「報酬回路」である腹側被蓋野から側坐核への神経細胞間の神経伝達物質もドーパミンです。今、タバコを吸うと、ニコチンが脳に吸収され、中脳の腹側被蓋野の神経細胞にあるニコチン受容体に

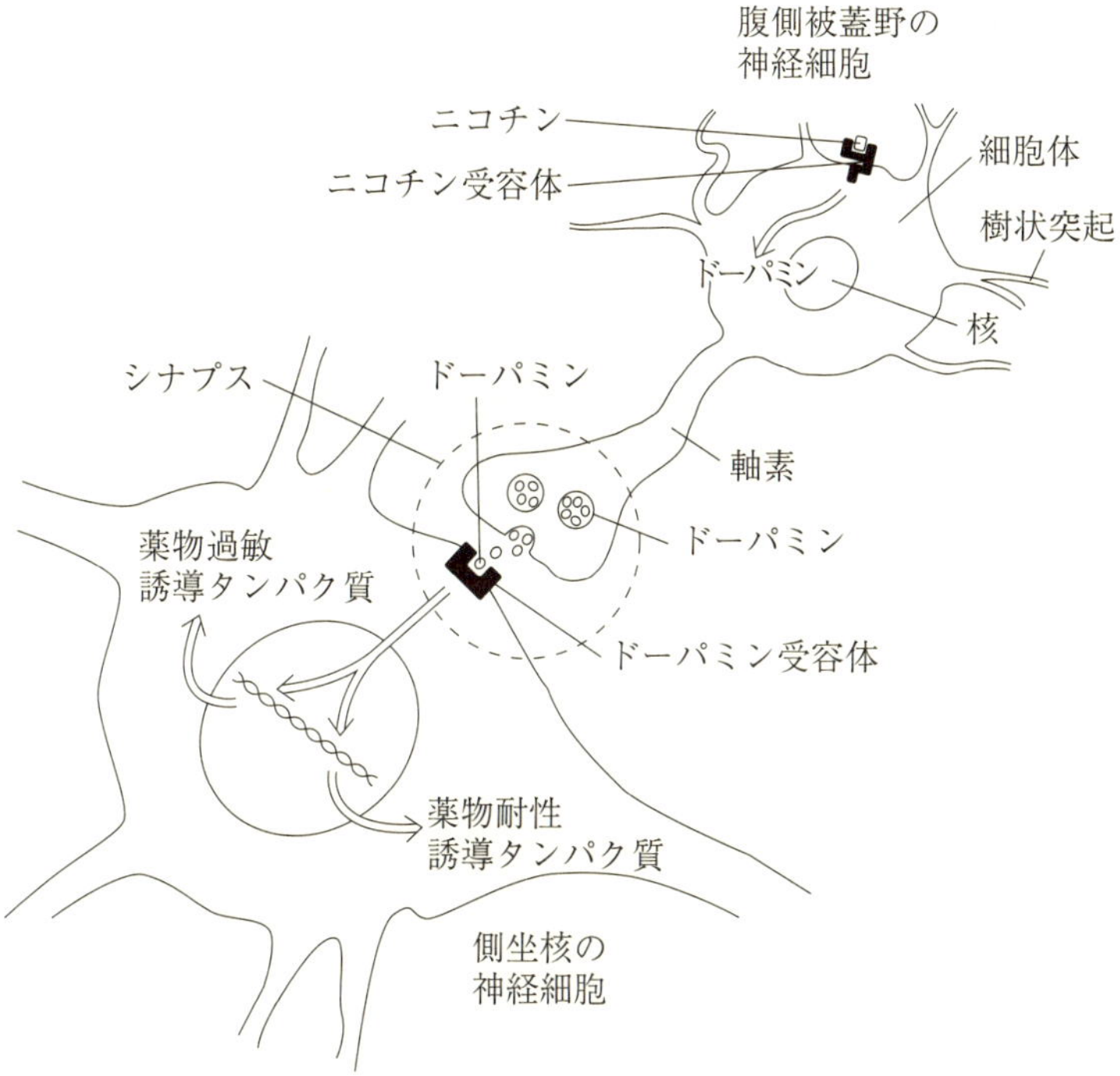

薬物依存を誘導するタンパク質の発現　腹側被蓋野の神経細胞にあるニコチン受容体にニコチンが結合するとドーパミンが合成される。ドーパミンが側坐核のドーパミン受容体に結合すると、2つの薬物依存を誘導するタンパク質が発現される。

結合します。するとその神経細胞からドーパミンが放出され、それが側坐核のドーパミン受容体に結合します。これが「快楽」の信号となるのです。コカインやアヘン、アンフェタミン、アルコールなども結果として「報酬回路」のドーパミンの大洪水を起こさせ、快楽信号が送られっぱなしの状態になります。

いわゆる薬物依存とは、やめたいと思ってもやめられない状態を指します。この状態には、腹側被蓋野から側坐核への回路のほかに、辺縁脳の海馬や扁桃核が関与しています。薬物による快感は海馬や扁桃核の神経細胞によって記憶されます。この快感記憶と薬物による「報酬回路」の変化によって、薬物依存がもたらされるのです。

薬物によって側坐核の神経細胞のドーパミン濃度が上昇すると、その情報が細胞核に伝えられ、薬物耐性誘導タンパク質が合成されます。このタンパク質が腹側被蓋野に作用すると、ドーパミンの放出が抑えられ、「報酬回路」が抑制されます。ところが快感記憶があると、その抑制を打ち破って快感を得るために、さらに多量の薬物を摂取しようとします。同時に、薬物が欠乏すると、それまでの快感が得られなくなり、うつの状態に陥ります。このようにして薬物に対する耐性・渇望・依存が成立するのです。

薬物常用者は、薬物を中断しても、容易にもとの薬物依存状態に戻ってしまいます。これは「報酬回路」での薬物感受性が高くなっていることを意味します。薬物に対する耐性と過敏という一見矛盾した現象はどのようにして起きるのでしょうか。

側坐核の神経細胞では、ドーパミン作用で、薬物耐性誘導タンパク質のほかに、実は、薬物過敏誘導タンパク質も同時に合成されています。薬物が中断されると、耐性誘導タンパク質は数日後には分解されますが、過敏誘導タンパク質は安定で、数週間にわたって高い濃度が維持されます。さらにこのタンパク質は、側坐核の神経細胞の樹状突起にあるスパインとよばれる突起の数を増やす作用があります。スパインは信号を受け取る機能があるため、薬物に対する感受性が高まるのです。

この状態は何年にもわたって続きます。

薬物摂取を中断しても、感受性が高まるため薬物への渇望感は強くなります。激しく薬物を求めるようになり、ほんの少量を摂取しただけでもとの依存症に戻ってしまいます。

話が難しくなってきたけど、ニコチンの作用が脳内の分子のレベルでくわしくわかってきたということね。とにかく「報酬回路」のドーパミンが曲者。何でも快楽にしちゃうんだもの。そりゃ依存になっちゃう。

タバコ依存症

これまで述べてきたように、薬物に対する耐性・渇望・依存状態の分子機構はある程度明らかになってきました。一般に、麻薬のヘロインや覚せい剤のアンフェタミンのような薬物が恐れられているのは、それらの薬物のもつ強い身体依存性と精神依存性、それに精神毒性です。

身体依存性とは、薬物がなくなったときの禁断症状のことで、離脱症状とか退薬症状ともいわれています。身体から薬がなくなると、ふるえ、悪寒、吐き気、不安、不眠のようなうつ状態、あるいはせん妄状態になります。これらの症状は薬物を摂取することで即座に解消します。

精神依存性は、いつも薬物がほしく、そのことしか考えられなくなり、薬物を得るためにはどんなことでもしてしまう、そういう状態です。薬物常習者は身体も精神も病んでいき、普通の社会生活ができなくなり、ついには命までをも失うことになります。

一方、薬物のもつ精神毒性とは、薬物のために日常の行動を行う能力が低下することです。アルコールや覚せい剤は、車の運転や仕事、家事をうまくできないようにしてしまいます。

喫煙によるニコチンの摂取には明白な精神毒性はなく、精神依存性も低い方です。そのことから、以前は、喫煙は薬物依存ではないと考えられていました。しかし、常習的喫煙が薬物依存に相当することが次第に明らかになり、一九八〇年にアメリカの精神医学会が、精神障害の診断分類の一つに「タバコ依存」を初めて記載しました。その後、一九八七年の改訂版では、喫煙を明確に「ニコチン依存症」としました。そしてさらに最近、神経細胞の「報酬回路」にニコチンが作用することが明らかとなってきたのです。

ニコチン依存症の特徴の第一は、少なくとも一カ月間毎日タバコを吸い続けることです。そしてこのような喫煙者が以下の三項目のうちの一つを満たすとき、明らかなニコチン依存症と診断されます。(1)長期的禁煙あるいは節煙ができないこと、(2)喫煙をやめると退薬症状が現れること、(3)喫煙で身体の調子が悪くなってもやめられないこと。

退薬症状や禁断症状は常習性薬物の典型です。ニコチンではどうでしょうか。ニコチン摂取（喫煙）を中止あるいは減量して二四時間以内に、以下の七徴候のうち少なくとも四徴候が起きた場合、ニコチン退薬症状と診断されます。⑴ニコチン（タバコ）への渇望、⑵易刺激性、欲求不満または怒り、⑶不安、⑷集中が困難、⑸落ち着きがなくなる、⑹徐脈、⑺食欲増進。喫煙者の多くはこれに当てはまるはずです。

タバコが身体に悪いことはよくわかっているがやめられないのは、ニコチンという薬物が原因でした。常習的喫煙は一つの薬物依存状態です。

それって薬物依存状態の面から考えても、喫煙は立派な病気ってことじゃない。私の友だちは自分が病気だということがわかってるのかしら。早く、この中毒から抜け出せるように、そして後々の病気を回避するためにも、禁煙をすすめなくちゃ。

前回に続いてタバコについて述べました。今回のレポートのテーマは「タバコをやめるために」にしました。

〔私のレポート〕タバコをやめるために

タバコが体に悪いことは誰でも知っている。それでも喫煙者はタバコを手離すことができない。

どうしたらタバコをやめることができるのだろうか。そのためにはまず以下の認識が必要である。(1)タバコの害をしっかり認識すること。(2)喫煙がニコチン中毒という病気であることをしっかり認識すること。(3)喫煙が社会的被害であることをしっかり認識すること。

(1)タバコの害について

タバコの三大病が慢性閉塞性肺疾患のCOPD、肺癌、喉頭癌であることは先の授業で習った。全体としての癌死の三分の一はタバコによるとされている。

タバコは癌の原因になるだけではない。タバコに含まれるニコチンや一酸化炭素は、血管や心臓などの循環器系に大きな影響を与える。ニコチンは血管を収縮させ、血圧をあげる。また、心筋の酸素消費量を増加させる作用をもつ。さらに、血小板の血液凝集能を亢進させることから、動脈硬化や血栓形成を促進する。これは脳梗塞発症の一因とみなされる。一方、一酸化炭素は悪玉のLDLコレステロールを増加させることで、心臓の収縮力を低下させ、血管障害を引き起こす。

今、低ニコチンタバコが市販されている。ところがブレンドが変わって、むしろニトロサミン類が増えている。それだけでなく、喫煙者がより深く吸う傾向があるため、末梢の細胞が発癌物質にさらされることになる。さらに、「ガムタバコ」が販売されようとしている。これは普通の紙巻きタバコと違って、口の中の粘膜が直接高い濃度のタールにさらされることになり、舌癌や口腔癌、咽頭癌の発症につながりかねない。いずれにしてもタバコは百害あって一利なしである。

(2)ニコチン中毒について

タバコをやめるためには、ニコチン依存がなぜ起きるかについての知識を得ることである。今回の授業の内容をもっと広める必要がある。タバコ依存は精神疾患の一つであり、立派な病気である。タバコは意志が弱いからやめられないのではない。大脳皮質の支配を受けにくい本能に関連した病気だからである。

タバコはおいしいから吸うのではなく、吸わざるを得ないから吸うのである。喫煙者にいわせると、タバコのことを年中考えているという。次はいつ吸おうか。吸うとホッとする。ホッとするために吸う。飛行機などで強制的に何時間か吸えない状態に置かれるとむしろなぜか安心する。

病気になったら病院に行かざるを得ないように、喫煙をやめるためには医師の診断を仰ぐのがいい。タバコ外来を開いている病院もある。そこには専門の医師がいるので相談できる。医師は行動療法と薬物療法を行うはずである。二〇〇六年四月から、禁煙治療に対して部分的ではあるが保険が適用されるようになった。

(3)喫煙者は社会的被害者

喫煙者は社会的な被害者であることを認識する必要がある。加害者ははっきりしている。政府とタバコ会社（日本ではJT）である。

タバコ会社は収益をあげるためにあらゆる手段を使ってタバコを売ろうとする。さすがに健康にいいとは宣伝できないので、手を替え品を替えてイメージ商法で売りまくっている。また、日本のタバコ販売の特徴は自動販売機である。今六二万台あるといわれているが、人口二倍、国土二六倍のアメリカには一五万台しかないという。

ＪＴのターゲットは若年層である。なるべく早めにタバコの味を覚えさせ、中毒にしてしまえばこっちのものというわけだ。ＪＴは死の商人である。ＪＴの関連施設は死の商人の手先である。どんなに立派なことをいっても、タバコという毒物を売りまくる手助けをしていることに変わりはない。ＪＴや関連施設に勤めている人たちは、自分たちのしていることを知らないのだろうか。十分知っていて自分や家族はタバコを吸わなければいいとでも思っているのだろうか。

国も税収を見込んでタバコを手放そうとしない。一箱二七〇円のタバコを買うと、一七〇円（六三・二パーセント）が税金で、得られる税収は一年間で約二兆二〇〇〇億円にもなる。これはばかにならない収入である。しかしながら、喫煙者がタバコを吸えば吸うほど、国は損をするという計算もある。喫煙による健康被害のための超過医療費は一兆三〇〇〇億円、労働力損失は五兆八〇〇〇億円など、総計で経済損失は約七兆円にもなるという。

公衆衛生分野では初めての国際条約となる「タバコ規制枠組み条約」が、二〇〇五年二月に発効した。これは、二〇〇三年に世界保健機関（ＷＨＯ）の総会で採択されたものである。この条約では、タバコ消費を削減し、健康被害を防止するために、タバコの広告を五年以内に原則禁止するなどの包括的対策を規定している。これに沿って整備される国内法を受けて、タバコ業界は事業の見直しが必要になる。

この条約を批准したのは日本を含め五七カ国であるが、アメリカ、中国、ロシアなどタバコの生産・消費大国が批准していない。ＷＨＯによると、タバコによるとみなされる死亡は、毎年五〇〇万人に上り、死亡原因の第二位を占めている。先進諸国では公共の場での禁煙は進んでいるが、開発途上国での未成年者の喫煙などは増える傾向にある。有効な対策が打ち出せなければ、死者は二〇二〇年には一〇〇〇万人に達するとＷＨＯは警告している。

条約では、三年以内にタバコの箱の包装面の三〇パーセント以上を健康への警告に当てることを規定している。すでにヨーロッパでは包装面に「喫煙は死にいたる」「喫煙は男子の精子を損ない、女子の生殖を損なう」と大書されている。さらに、「ライト」「マイルド」などあたかも健康被害が少ないように誤解させる商品名についても規制される。この条約を契機に各国で禁煙対策が強化されている。最近、日本でも「喫煙は、あなたにとって脳卒中の危険性を高めます」と書くようになったが、肝心要の肺癌についての警告はない。また、「人により程度は異なりますが、ニコチンにより喫煙への依存が生じます」とあるが、これは警告文になっていない。

(4)タバコをなくすために

タバコをなくすためには禁煙教育が重要である。タバコの害、ニコチン中毒について、ていねいかつ徹底的に教える必要がある。喫煙問題は非行対策ではなく、健康対策である。職業倫理として、教員や医者、医療従事者は公衆の面前でタバコを吸ってはいけない。

麻薬や覚せい剤のようにタバコを禁止することはできないだろう。もし国がタバコを禁止すれば、闇の組織が動き始めるのは目に見えている。そのかわりに国や自治体は禁煙対策を徹底的に行う必要がある。タバコ広告は全面禁止する。自動販売機による販売をなくす。コンビニでの販売は禁止する。タバコ税を上げて値段をもっと高くする。ちなみに日本では一箱二七〇円のところ、ニューヨークでは約九五〇円、イギリスで約八二〇円と高額である。日本は先進国でもっともタバコの安い国の一つである。カナダでは、タバコ税を一〇倍にしたところ、未成年者の喫煙率が四六パーセントから一六パーセントへ下がったそうである。WHOも青少年を守るため、加盟国が一致してタバコ税を上げるように求めている。タバコ税はタバコによる呼吸器疾患対策や禁煙対策の目的税にして、一般会計に組み入れてはいけない。

タバコが呼吸器と脳の「報酬回路」を侵す毒物であることを今一度認識しよう。

第11章　ヒトゲノムと祖先を尋ねて

いよいよ最後の授業ね。ヒトゲノムと現代人の由来が今回のテーマ。最近、ゲノムという言葉をよく聞くけど、遺伝子と染色体とゲノムのそれぞれの関係が今一つピンとこない。せっかくだもの、ＤＮＡと関連づけてきちんと理解したい。人はいったい何個の遺伝子を持っているのかしら。ゲノムを調べることで現代人の由来がたどれるっていうけれど、それで何がわかるというのかしら。

ゲノムとは

染色体は、もともと、細胞の核の中にあって特殊な色素に染まる構造体として見いだされました。

その後、それが遺伝をつかさどるものであることがわかったのです。われわれは両親からそれぞれ二三本、合計四六本の染色体を受け取ります。これまでに染色体はわれわれの遺伝情報のすべてをもっていることを述べてきました。

染色体構造の主要な構成成分は長い長いDNA繊維です。このDNAのヌクレオチド配列の中にタンパク質の暗号が書き込まれていて、われわれはそれを遺伝子とよんでいます。今、数万種類のタンパク質をもつ生物がいるとすると、その生物の染色体DNAにはそれだけの数のタンパク質の暗号領域、つまり遺伝子があることになります。DNAを一直線の長いテープのようなものとすると、それぞれの遺伝子はテープの中の短い小領域を占めていて、そこにはタンパク質のアミノ酸配列がヌクレオチドの配列として書き込まれています。

染色体はDNAと特殊なタンパク質の複合体です。われわれ人のような生物は、これを核の中にもっているわけですが、細菌にはこのような構造の染色体はありません。細菌のDNAは染色体タンパク質とは別のタンパク質と結合しているのです。それでも遺伝学者は細菌の遺伝子を運ぶ担体をも「染色体」とよんでいました。そこで、生物の遺伝情報を担うものを表すもっと的確な用語が必要になってきました。このような事情から、ゲノムという新しい生物学用語がつくられました。遺伝子は英語でgene、染色体はchromosomeなので、この二つの単語の下線部をつなげてgenomeとしたのです。人のゲノムとか大腸菌のゲノムとは、それぞれの生物の遺伝情報すべてを担っている特有のヌクレオチド配列をもつDNAを指すことになります。

このように実体的には、ゲノムはその生物がもつDNAのことです。しかし、ゲノムは構造的概念よりはむしろ情報的概念を表す用語として用いられています。そのことからゲノム解析とは、個々の生物のDNAのヌクレオチド配列を決定し、その中の遺伝子領域を決めることを意味します。ヒトゲノム解析では、二二本の常染色体とXとYの二つの性染色体のDNAが抽出され、全部で三二億個あるヌクレオチドの配列が決定されたのです。大腸菌ゲノムといえば、それのもつDNAを構成している四六〇万個のヌクレオチドの配列を意味します。

なるほど、つまりゲノムというのはある生物のDNAのヌクレオチドの配列で、その生物の遺伝子すべてを表しているのね。最近、ヒトゲノムの解析が終わったって言っていたわ。でも、それでいったい人の何がわかったっていうのかしら。

ヒトの遺伝子の数

ヒト遺伝子の数が二万二〇〇〇個だったと報道された時、多くの人が驚きの声をあげました。この報告は日米英独仏中六カ国、合計二〇の研究機関が参加する「国際ヒトゲノム配列解析共同体」が二〇〇四年一〇月に発表したものです。それによると、ヒト遺伝子の数は二万個は下らず、二万五〇〇〇個は超えないだろう、ということでした。つまり二万数千というわけです。すでに、二〇〇三年四月に、国際共同体のグループは、ヒトゲノムのほぼ完全な配列を決定したと発表していました。その時はヒト遺伝子の数は三万二〇〇〇個と見積もられていました。しかしその後、とくにコンピュータで予測した部分について、より厳密に数え直したということです。予測より約一万個も減った勘定になります。

二一世紀幕開けの二〇〇一年二月、先の国際共同体はヒトゲノムの概要配列を発表しました。概要というのは完全でないという意味で、その時の完成度はおよそ九五パーセントでした。ヒトゲノムは三二億ヌクレオチドを含むので、これだけ多くの数の配列を決定するためには技術の開発が必要でした。それにコンピュータの進歩が必須でした。配列が決まれば人を構成している遺伝子の数やそれが暗号化しているタンパク質が解析できると期待されたのです。

その後の二〇〇三年版は九九パーセント以上の完成度ということです。この概要配列からヒト遺伝子数は三万二〇〇〇個と見積もられました。この発表も大きな驚きだったのですが、それはその数が予想よりはるかに少なかったからです。人のもつタンパク質は一〇万種類はあるだろうと考えられていますので、遺伝子も少なくとも一〇万個は下らないだろうと思われていました。それに、体長一ミリメートルほどの小さな線虫にも一万八〇〇〇個の遺伝子があり、ショウジョウバエには一万三〇〇〇個、植物のシロイヌナズナには二万六〇〇〇個あることがすでにわかっていたので、まさか人がこれらと同程度とは予想しなかったのです。概要配列はまだ不完全だから完全配列が出たらもう少し是正されるのではないか、数え落としがあるのでないか、などと思われていたのですが、期待が完全に裏切られて二万数千個になってしまいました。

うわぁ、人の遺伝子って、シロイヌナズナより少ないんだ。かなりびっくり。でも、人の遺伝子の数が二万二〇〇〇個で、実際のタンパク質は一〇万種類とすると、一個の遺伝子から平均四種類のタンパク質ができる計算になっちゃう。おかしいなぁ。合わない。どうやって一〇万種類にするのかなぁ。

一〇万種類のタンパク質を

遺伝子であるDNAのヌクレオチド配列は、タンパク質のアミノ酸配列の暗号になっています。細菌のDNAのヌクレオチド配列は途切れることなくアミノ酸配列に対応していますが、意外なことに、細菌以外の生物の遺伝子DNAはそうではなかったのです。それらの配列にはアミノ酸の暗号にならない、ある長さのヌクレオチド配列がところどころ挟まっていました。アミノ酸暗号配列をエキソン、非暗号配列をイントロンとよんでいます。つまり、遺伝子はエキソン—イントロン—エキソン—イントロン—エキソン—イントロン……のような分断された構造になっていました。

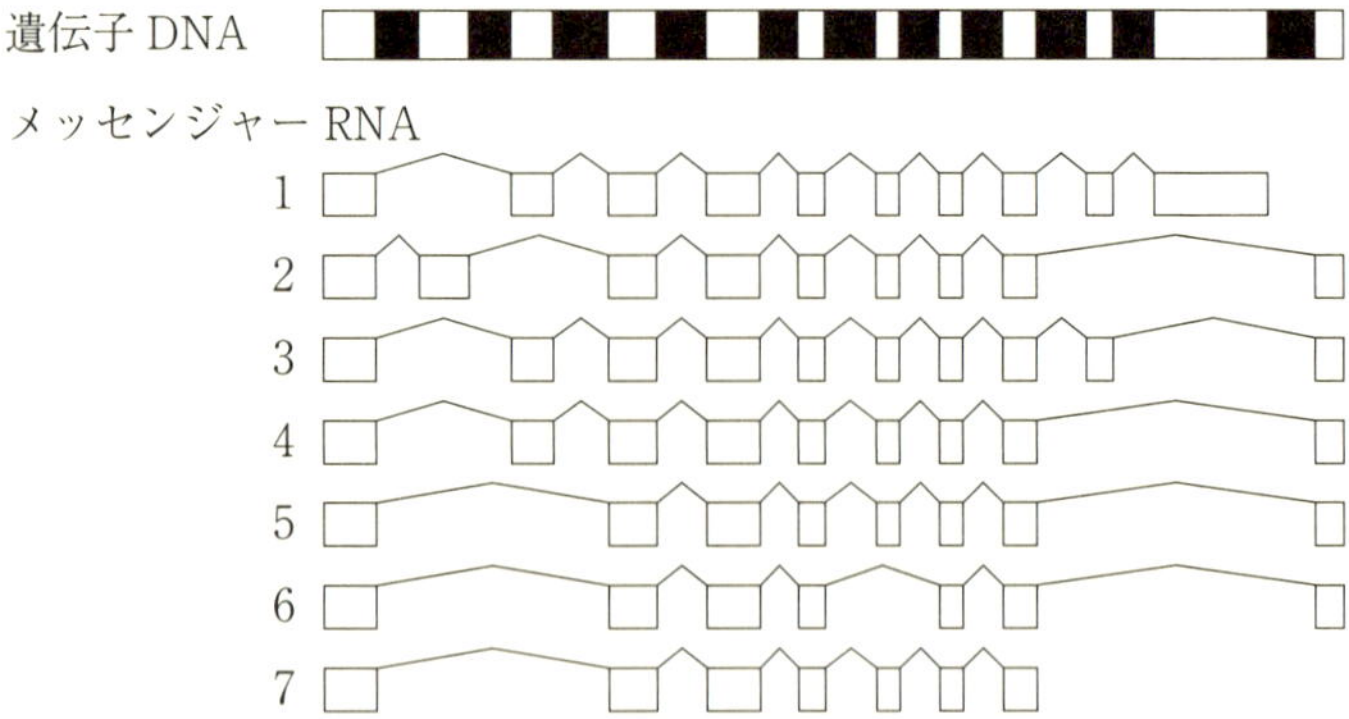

1つの遺伝子から複数種のメッセンジャー RNA ができる　遺伝子 DNA 中の白い部分はエキソンを、黒い部分はイントロンを表す。この例ではエキソンの組合わせで7種類のメッセンジャー RNA ができる。

遺伝子からタンパク質ができる時、遺伝子のDNA配列はそのままRNAに転写されます。この初期転写RNAからイントロン部分が切除されてエキソンだけが連結し、実際にタンパク質の翻訳に使われるメッセンジャーRNAになるのです。

ええっ！　DNAのヌクレオチド配列は連続してアミノ酸配列の暗号になっているんじゃないんだ。間を飛ばすなんて、本当に正確にいくのかしら。

イントロンを切除する過程で一部のエキソンを飛ばしたメッセンジャーRNAもできてきます。そうすると、一本の初期転写RNAから複数のメッセンジャーRNAができることになり、それらは当然違ったタンパク質になります。このように一個の遺伝子から複数のタンパク質ができることになります。

さらにタンパク質は翻訳されて完成した後、ところどころのアミノ酸に糖や脂質が結合する場合があります。このような修飾の違いによってタンパク質の機能も違ってきます。おそらくこのようにして、二万二〇〇〇個の遺伝子から一〇万種類のタンパク質ができてくるのだろうと考えられています。

やっぱり、途中で抜け落ちるエキソンもあるんだ。だから、シロイヌナズナの遺伝子の数と差がなくとも、人はいろんなタンパク質をつくることで複雑な機能をもつようになったということかしら。

遺伝子の本当の数は…

二万二〇〇〇個の遺伝子が、それぞれ仮に二〇〇〇ヌクレオチドのRNAに転写されるとすると、全部で四四〇〇万ヌクレオチドになり、これでは三二億ヌクレオチドのヒトゲノムDNAの一・四パーセントにしかなりません。しかし、遺伝子にはエキソンだけでなくイントロンが含まれていました。さらに遺伝子発現の調節に関連するDNAの配列が意外に多くあるようです。そうすると遺伝子の長さは平均一万数千ヌクレオチドになります。それでも遺伝子はDNA配列の一〇パーセント程度です。タンパク質の暗号とは無関係のDNA配列にはどんな意味があるのでしょうか。

これまで、遺伝子はタンパク質のアミノ酸配列の暗号になっているDNAのヌクレオチド配列、と定義されてきました。しかし、DNAのヌクレオチド配列は、直接、アミノ酸配列に翻訳されるのではなく、いったんRNAに転写される必要があります。それに、タンパク質合成に関与する転移RNAやリボソームRNAのヌクレオチド配列もDNAに含まれています。そこで現在では、遺伝子はRNAに転写されるDNA配列、と定義されるようになりました。そうすると、遺伝子の数はRNAに転写されるDNAの領域の数ということになります。

最近、マウスを使って、DNAから転写されるRNAが片っ端から分析されました。その結果、四万四〇〇〇種の転写RNAが見つかりました。そのうちタンパク質の翻訳に使われるRNAは二万一〇〇〇個で、それ以外の二万三〇〇〇個はタンパク質には翻訳されずにRNAとして機能しているようです。いずれにしてもマウスの二四億ヌクレオチドのDNAの実に七〇パーセントがRNAに転写されることがわかったのです。人の場合も基本は同じはずです。ヒトゲノムに関する実際のデータが待ち遠しいものです。

シロイヌナズナのDNAは一億二〇〇〇万ヌクレオチドで、人は三二億でした。それにもかかわらず、タンパク質遺伝子の数は両者とも二万数千個と変わりません。人ではRNA遺伝子が圧倒的に多いことになります。現在、RNA遺伝子産物の機能についての研究が急速に進み、そのようなRNA分子はタンパク質遺伝子の発現の調節にひろく関係していることがわかってきました。生物を基本的につくり上げているタンパク質遺伝子の数は変わらなくとも、その発現を細かく調節するＲＮＡ遺伝子がそれぞれの生物種を特徴づけていると考えられます。

これからの時代はＲＮＡ遺伝子が問題になるのかしら。人の実際のデータが出てくるのが楽しみになってきたわ。そうなると人という生物の正体が明らかになる日も近いということね。だんだん本丸に近づいたということかしら。

ゲノム計画の意義

それにしてもヒトゲノムを解読したり、遺伝子を勘定したりする研究はいったい何の役に立つのでしょう。かかる費用は莫大で、これまで世界中で一〇兆円は使ったといわれています。これだけの出費には、それなりの理屈がなければ予算は計上されません。人間の本質を理解するため、という理由だけでは無理です。やはり、ヒトゲノムの解読によって病気の原因がわかり、早期発見が可能となり、新薬の開発もできるようになるなどの、実益への期待が必要でした。しかし、ことはそう簡単ではありません。解読されたゲノムをいくら眺めていても、病気の原因などさっぱりわかりません。遺伝子の同定ですら四苦八苦しているのが実状です。ゲノム解読の意義を病気の原因の究明や新薬開発だけに求めると、早晩熱が冷めてしまうことになります。

ゲノム研究の第一の意義は、やはり生命の本質を探り人間を理解することにおく必要があります。たとえば、ヒトゲノムの六〇パーセントは進化の過程で入りこんだ反復配列であることがわかっていますが、この領域の解析は人の進化の解明に役立っています。

最近、二一本の染色体をもつミドリフグのゲノムが解読されました。このフグと人の遺伝子を比較することで、四億年前の共通祖先の硬骨魚の染色体が一二本であったことがわかりました。絶滅した四億年も前の生物の染色体を知ることができるのはすばらしいことです。今後さまざまな生物のゲノムが解読され、生物進化や多様性が理解されていくことになるでしょう。


知的好奇心を満足させることはもっとも人間らしい活動のはずよ。儲けにつながらないことやお金にならないことはしないなんておかしい。ゲノムや宇宙の研究なんて真理探究でいいんじゃない。だってこういう素朴な「なぜ?」から、これまでもたくさんの答えが返ってきたじゃない。私にも何かできるかもしれないわ。

アフリカが祖先の地

生物学ではわれわれ現代人はホモ・サピエンスとよばれています。ホモ（*homo*）は人という意味の、サピエンス（*sapiens*）は賢いという意味のそれぞれラテン語です。人がホモ・サピエンス（賢い人）に値するかどうかは別として、現在地球上に生息する六五億人の人びとは、もともといったいどこからやってきたのでしょうか。

ＤＮＡの構成単位であるヌクレオチドは未来永劫変化しないというものではなく、時間経過の中で一定の割合で変化します。このようなヌクレオチドの変化は、あたかも時を刻む時計に似ているところから、進化の分子時計とよばれています。そこで生物集団の構成員のＤＮＡのヌクレオチド配列を比較して、分子時計を当てはめると、その生物が誕生した分岐年代を知ることができます。

われわれの細胞には、ゲノムＤＮＡを格納している核がありますが、その他にエネルギーを生産するミトコンドリアという細胞内の器官が多数あります。面白いことに、ミトコンドリアも核とは独立に独自のＤＮＡをもっています。このＤＮＡにはミトコンドリアのエネルギー生産に必要なタンパク質の情報があります。

人は卵子と精子の合体した受精卵から生まれますが、精子のミトコンドリアは受精卵には渡されず、赤ちゃんの細胞のミトコンドリアはすべて母親の卵子由来です。つまり人の細胞のミトコンドリアは全部母親譲りなのです。ミトコンドリアＤＮＡを分子時計に使えば、母系をたどることができることになります。

世界中のさまざまな地域に住んでいる人たちのミトコンドリアが集められ、それぞれのＤＮＡ中の一万六五〇〇ヌクレオチドの配列が決定されました。そしてそれらの配列を分子時計に当てはめて解析した結果、現代人は約一七万年前にアフリカにいた共通祖先に由来し、遅くとも五万二〇〇〇年前にアフリカを出た人たちが、およそ四万年前から世界中に分散したと推定されました。

この結果は化石の研究からも支持されています。エチオピアで出土した最古のホモ・サピエンスの頭骨が一九万五〇〇〇年前のものであることが確認されています。一八六八年にフランスのクロマニヨン洞窟で見つかった人骨は四万年前のもので、その持ち主はクロマニヨン人と名づけられましたが、彼らは現代人と変わりません。一九六八年に那覇市山下町で見つかった化石人骨は、三万二〇〇〇年前の子どもの大腿骨とすねの骨で、山下洞人といわれています。

日本列島には三万年前にはすでにホモ・サピエンスがやってきてたんだ。縄文人は一万数千年前から日本列島に住み着いて、弥生人は二千数百年前に渡来したと習ったわ。現代人が四万年前に分散したというのなら、ほどなくして日本にも来たってことよね。それにしても、細胞ってすごいなぁ。核という格納庫に、子孫を残すための様々なＤＮＡという武器と戦略をつめ

こんで、進化という戦場で生き残ってきたんだもの。何だか、生物学が面白くなってきたわ。

肌の色はなぜ違う

DNAレベルから見て、現代人ホモ・サピエンスは確かに一つの生物種です。しかし、なぜ、アフリカ人、ヨーロッパ人、アジア人はそれぞれ違う肌の色をしているのでしょうか。

霊長類の中で居住地域によって肌の色に違いがあるのは人だけです。これは人が進化の過程で体毛を失ったことに関連すると考えられています。樹上から降りて二足歩行を始めた人は、体毛を失って身体を冷やすことができるようになり、草原に進出することが可能になりました。しかしそれと同時に、皮膚には色素が沈着し始めたのです。皮膚の色素合成に関係するのは太陽光の紫外線です。

紫外線UVは波長によってUVA（四〇〇～三一五ナノメートル）、UVB（三一五～二八〇ナノメートル）、UVC（二八〇～一〇〇ナノメートル）に分けられます。波長の短いUVCは大気圏のオゾン層に吸収されて皮膚には届きません。もし、オゾン層が破壊されてしまうとUVCにあたって細胞のDNAはたちまち破壊されてしまい、生きていくことができなくなります。波長のやや長いUVAやBもDNAを破壊する作用があり、皮膚癌の原因になります。しかし、海や山に行って日光にあたっても，そう簡単に皮膚癌になりません。それは、細胞には壊れたＤＮＡを修復する酵素があることと、皮膚に紫外線を吸収するメラニン色素があるためです。

メラニン色素を合成するメラノサイトという細胞は表皮の基底層にあって、ＵＶＢの刺激によってアミノ酸のチロシンからメラニンが合成されます。このメラニンが紫外線からＤＮＡを守っています。緯度の高いところに住む人たちに比べて、赤道近くに住む人たちの皮膚の色がはるかに濃いのは大変合理的です。

最近、メラニンがＤＮＡだけでなく葉酸というビタミンの紫外線による破壊を防いでいるということがわかってきました。葉酸は妊娠の維持や胎児の発達に不可欠なビタミンです。波長の長いＵＶＡは真皮の血管に到達し、血液中にある葉酸を破壊します。メラニンにより紫外線をカットすることは人の生殖にとっても重要な意味をもっていました。紫外線から身を守ることは、子孫を残すことと直接関係しているのです。皮膚癌ができるのは多くは五〇歳過ぎで、生殖可能な年齢を超えています。熱帯に住む人の濃い皮膚色は、皮膚癌の防止よりむしろ葉酸の分解の防御に機能する方が重要であると思われます。

緯度の高いところに住む人たちの皮膚色が薄いのには、どのような意味があるのでしょうか。実は、ビタミンＤの合成にＵＶＢがかかわっているのです。このビタミンは、生殖機能、カルシウム代謝、骨格の発達、免疫系の維持、などに必須です。ビタミンＤは、もともと、くる病という骨軟化症に関連して発見されました。

表皮にある角化細胞に到達したUVBは、その細胞でコレステロールをビタミンDの前駆物質に変える働きをします。表皮のメラニン色素がUVBを吸収してしまうと、ビタミンDの合成がうまくいかなくなります。それゆえ、皮膚の色はこのビタミンの合成ができる程度に薄くないといけないのです。

赤道に近い熱帯地方では一年中ビタミンD合成に必要なUVBの照射量があります。それより少し緯度の高い亜熱帯や温帯地方になると、一カ月間ぐらい不足する程度の照射量になります。一方、南北極地帯ではUVBの照射量は極端に少なくなります。熱帯に住む人びとの皮膚の色が濃いのに対して、緯度の高い地域に住む人たちの肌が白いことの理由がここにあります。

五万年前にアフリカを出たばかりのホモ・サピエンスの肌の色は今のアフリカ人のように濃かったはずです。そのままでは高い緯度の土地ではビタミンDが合成できずに、生きていくことはできなかったでしょう。ところが、たまたま突然変異で肌色の薄い人が生まれました。その人は極地でもビタミンDを合成して生きていくことができるようになったのです。

現在の世界では人びとの移動が激しいので、いろいろな肌の色をした人たちが入り交じって暮らしています。しかし、数千年前は居住地と肌の色との関係はもっとはっきりしていました。五〇〇〇年ほど前にアラスカやカナダ北部に移住したアジア系のイヌイットの人たちが、極地で生活できるのは、ビタミンDの豊富な魚や海洋哺乳類を食べているからです。

アジア系、アフリカ系、ヨーロッパ系の人たちでは肌の色だけでなく、風貌もかなり違います。

これらが色素合成やビタミン合成と遺伝的にどのように関連しているのか興味深い問題です。しかし、いずれにしても、現代人は単一の生物種で、皮膚の色などは居住した地域のおもに紫外線照射量によって変化してきたことは確かです。いわゆる「人種」は生物学の問題ではなく社会学の問題です。

今回のレポートは、現代人の由来に関する生物学の成果に関連して、人種差別問題について焦点を絞って簡潔にまとめてください。

〔私のレポート〕人種差別問題と現代生物学

ここでは、アメリカの黒人差別に反対する公民権運動の指導者であるマーチン・ルーサー・キング牧師が一九六三年に行った「私には夢がある」という有名な演説を取りあげる。以下はその一節である。

I have a dream that one day this nation will rise up and live out the true meaning of its creed : "We hold these truths to be self-evident : that all men are created equal."

（私には夢がある。すべての人は平等に創造された。われわれはこれを当然の真実とする。いつの日かこの国がこの信条の真の意味に目覚め、生きていくことになるだろう。）

When we let freedom ring, when we let it ring from every village and every hamlet, from every state and every city, we will be able to speed up that day when all of God's children, black men and white men, Jews and Gentiles, Protestants and Catholics, will be able to join hands and sing in the words of the old Negro spiritual, "Free at last! free at last! thank God Almighty, we are free at last!"

（われわれは自由の鐘を鳴らそう。すべての村とすべての部落から、すべての州とすべての町から自由の鐘を響かせよう。そうすれば、黒人も白人も、ユダヤ人もキリスト教徒も、プロテスタントもカトリックも、すべての神の子らが手に手を取ってあの古い黒人霊歌を共に歌える日が早くやって来るのだ。もう自由だ！　もう自由だ！　全能の神に感謝しよう。ついにわれわれは自由になれた！）

キング牧師の主張した「すべての人は平等に創造された」という信条は今や生物学の真実になった。私はこの授業を通じて、人間とは何かについて学んだが、六五億の世界の人びとがすべて同じ祖先をアフリカにもつという事実は衝撃的であった。この事実を多くの人に知らせ、人種や民族の差別・偏見をなくしていく運動の力にしたい。黒人や白人、アジア人やヨーロッパ人やアフリカ人、ユダヤ教徒やキリスト教徒やイスラム教徒、仏教徒やヒンズー教徒、プロテスタントやカトリック、あれこれの国の国民など、すべてその人たちの住む地域の生活習慣・文化・信仰・歴史などの違いに根ざしている。互いにそれらは尊重されなければならない。「人種」あるいは「民族」という一見生物学的な用語は、なんら生物学に基礎をおいているのでないことに深い確信をもった。

おわりに

本書は、一九九五年以来、立命館大学政策科学部で行ってきた講義をもとに書かれたものです。どのような政策も人間を対象としているわけですから、それを構想し、立案し、実行するためにはその根底に人間理解が不可欠です。講義はそのために開講されました。

生命科学は今たしかに多くの脚光を浴びている花形科学です。人間は生命を操作する術を手に入れました。それだけに危うさに満ちています。臓器移植に伴う脳死問題、再生医療に期待のかかるES細胞の開発、クローン動物の誕生、などなど、人類がこれまでに経験したことのないことばかりです。これらの問題を考えるためにも生物としての人間理解は必要です。

生命科学を推進する前提条件に「人間生命の尊厳」が置かれなければなりません。しかしながら、この尊厳概念はア・プリオリ（先験的）なものではなく、人類が長い歴史を通して多くの血を流しながらたたかいとってきたもので、いまだ決して完全ではなく、さらに豊かなものにされるべきです。そのためにも科学的な人間理解が求められます。

そして何より、若い人たちが生物としての自分を理解することは、とても大切だと思っています。個としての自分がいかに希有な存在であるか、またそれがいかに大切に守られているか、そして希有の個がいかに類としての人につながっているか。

このような思いで本書を書きました。生命の起源や進化の問題、人間の意識の問題など、まだまだ書きたいことはいろいろありましたが、それらはまたの機会に譲ることにしました。

これまでに多くの学生が私の講義に忍耐強くつきあってくれました。これらの学生がいなかったら本書が書かれることはなかったはずです。本書を書きすすめるにあたって、宗川惇子（元関西医科大学）は、私を励まし、記述内容や表現についていろいろ助言してくれました。中嶋明子さん（東京大学医科学研究所）には、文中の学生のモノローグを直してもらいました。出版にあたっては新日本出版社の角田真己さんのお世話になりました。これらの方々に心から感謝いたします。

二〇〇六年春

宗川吉汪

宗川吉汪（そうかわ　よしひろ）

1939年生まれ、東京大学理学部生物化学科卒業、理学博士。東京大学医科学研究所助手、京都大学ウイルス研究所助教授、京都工芸繊維大学教授を経て、現在、同大学名誉教授、生命生物人間研究事務所代表
著訳書　『生命のしくみ11話』（新日本出版社、2004）
『自然の謎と科学のロマン　下（生命と人間・編）』（共著、新日本出版社、2003）
『ホートン生化学　第３版』（Horton他著、共訳、東京化学同人、2003）
『21世紀への跳躍４・生命の展開』（共編著、三省堂、1988）
『現代生物学の構図』（共著、大月書店、1976）
など

誕生（たんじょう）・性（せい）・遺伝子（いでんし）―人間（にんげん）とは何（なに）か

2006年５月20日　初　版

著　者　宗　川　吉　汪
発行者　小　桜　　　勲

郵便番号　151-0051　東京都渋谷区千駄ヶ谷4-25-6
発　行　所　株式会社　新　日　本　出　版　社
電話03（3423）8402（営業）
03（3423）9323（編集）
info@shinnihon-net.co.jp
www.shinnihon-net.co.jp
振替番号　00130-0-13681
印刷　亨有堂印刷所　　製本　光陽メディア

落丁・乱丁がありましたらおとりかえいたします。

ISBN4-406-03248-7　C0046　Printed in Japan